脱胎换骨的人生整理术

袁春楠 著

广西科学技术出版社

图书在版编目（CIP）数据

脱胎换骨的人生整理术 / 袁春楠著. —南宁：广西科学技术出版社，2019.2（2021.5 重印）
ISBN 978-7-5551-1048-4

Ⅰ. ①脱… Ⅱ. ①袁… Ⅲ. ①女性—成功心理—通俗读物 Ⅳ. ① B848.4—49

中国版本图书馆 CIP 数据核字（2018）第 211419 号

TUOTAIHUANGU DE RENSHENG ZHENGLISHU
脱胎换骨的人生整理术

袁春楠　著

策划编辑：刘　洋　　责任编辑：蒋　伟
责任审读：张桂宜　　责任印制：高定军
责任校对：张思雯　　视频拍摄：时物家居
装帧设计：古涧文化 · 任熙

出 版 人：卢培钊　　出版发行：广西科学技术出版社
社　　址：广西南宁市东葛路66号　　邮政编码：530023
电　　话：010-58263266-804（北京）　　0771-5845660（南宁）
传　　真：0771-5878485（南宁）
网　　址：http://www.ygxm.cn　　在线阅读：http://www.ygxm.cn

经　　销：全国各地新华书店
印　　制：唐山富达印务有限公司　　邮政编码：301505
地　　址：唐山市芦台经济开发区农业总公司三社区

开　　本：710mm × 980mm　1/16
字　　数：300千字　　印　　张：15.5
版　　次：2019年2月第1版　　印　　次：2021年5月第5次印刷
书　　号：ISBN 978-7-5551-1048-4
定　　价：52.00元

Contents 目录

推荐序

做一个拥有一间自己房间的女人，让身体发光

袁春楠的觉醒，始于30岁。

那一年，她拥有了一间属于自己的房间。那只是一间看不见风景的房间，空间局促，让人觉得施展不开拳脚。但是，那是属于她自己的房间，精神的自由，唤醒内在一股强大的力量。她学习在这个房间里，独立起来。

从30岁开始，春楠每天整理自己的物品、情绪、思绪。整理的过程，也正是回望和反思过往人生的旅程。

一开始，她每天扔掉一些不需要的物品，清理掉一些不开心的回忆；

渐渐地，她开始书写晨间日记，写写画画，梳理出生命中最重要的100件事；

6年时间，她一刻不停地朝着梦想前进，阅读、旅行、演讲……生活变成一道明亮的光，让人不禁想要凝望它、朝它奔去。

逆袭的故事，总是那样让人心动。但是今天，我不想讲一个“戏剧型困境+史诗级奋斗=殿堂级成功”的俗套故事。我和春楠相识已久，见面次数不多，但每次见面都好似老友相聚般长谈，我想谈谈自己从她身上感受到的“三束光”。

第一束光，是坚持。可能你会说，我知坚持重要，但坚持的动力何来？我想，坚持的动力因人而异，坚持的方法却有窍门。如果相信日本整理专家近藤麻理惠说的“一次彻底的整理，就绝对不会复乱”之类的话，可能终会失望。因为一次彻底的整理可能会让你以为自己已整理完毕，可以过上一劳永逸的清爽生活，但是，梦想变了，人生阶段变了，你的心动物品也会随之改变，也就需要再次整理。整理并不是一次性的“新陈代谢”，而是陪伴你一生的功课修行。

每天只整理一点点，做些力所能及的事，细水长流，润物细无声。房间样貌可能改变不大，但心灵深处的火光可能已经闪烁。每天清晨，给自己一段放空时光，让思绪流淌。放弃不切实际的空想，布置一个当天就可以完成的小任务，然后体会完成任务的满足感，让自己每天信赖自己多一些。

第二束光，是自律。我发现，自律是好些名人身上具备的品质。比如，安娜·温图尔自从坐上美国版《VOGUE》主编的位子，坚持每天5点45分起床，6点开始打1小时网球，7点多开始工作，晚上10点15分按时睡觉。村上春树撰写长篇小说时，每天4点起床，写作5小时，下午跑步1小时或游泳1.5小时，然后读书、听音乐，晚上9点就寝。春楠也是如此，自从决定开始整理，这7年中，每天5点起床，晚上10点入睡。（除了当年经历一段感情困扰期时一度停止早起的习惯。）

作为好友的我，把她的自律生活刨根问底之后，发现了一个秘密：自律生活，并不是春楠追求而来的，而是她创建出的一个理想生活系统的结果。这个系统，环环相扣，让人可以不假思索，一步步连接照做。当这套系统在大脑中自动运转，自律就变成了一种习惯、一种信仰。有了这套系统，你就不会感觉到累、委屈和自我否定，一切都变得顺理成章。

我感受到的第三束光，是创造。春楠是我最早发现的中国整理师之一。拥有10年媒体经验的我，自觉自己的信息搜索能力不错。在整理信息贫乏的2014年，我发现一个视频网站上唯一一段中国整理讲师的视频，就是春楠的一段企业演讲，她把办公室整理和办公效率的关系娓娓道来。2017年，知识付费狂潮汹涌而起，春楠成为首批试水整理音频课的先锋，在喜马拉雅FM传播整理术的她，编织出一段通往美好人生的阶梯，也让自己一跃成为炙手可热的网课讲师。

仔细听春楠的课，会发现她讲述的全都是她真实的故事。她把自己活成了一本整理教科书，里头没有刻板的整理法则。真正有效的整理术，充满着无限想象的空间。

阅读春楠的书，你也会发现，其实整理没有套路或公式。

日本的“心动法”“断舍离”，强调先把自己的生活扔成一张白纸，再小心翼翼地涂上颜色。这是一种整理的方法，适用于擅长扔东西的朋友。

如果你一心想要改变，却不太热衷扔东西，还有一种方法，那就是带着最大的诚意去面对生活。鼓起勇气，找到一间你自己的房间（哪怕它暂时只存在于你的脑海中），耐心地、小心翼翼地、一点一滴地打理它，构建属于自己的精神家园。

每天，朝着光明的方向前进一小步，把家打造成“发光体”。

相信我，你的身体，也会熠熠发光。

资深媒体人、“第1整理术”微信公众号出品人 周一妍

自序

我把自己活成了整理术

如果在人群中分类出爱整理和不爱整理的，那么我曾经就属于后者。

在30岁来临之前，我的生活还是一片混乱迷茫，停滞不前，看不到希望，抱着凑合、随便的态度一天天地混日子，外在生活环境和内心世界都堆积了大量垃圾。人出来混总是要还的，如果你放弃自己，选择破罐破摔，终有一天，麻烦会一股脑找到你的头上。

好在痛苦可以带来醒悟，化为生命转弯的机缘。30岁，我集中遇到了多重挫折：作为30岁大龄女被单位裁员、被前任“裁员”、和家人关系破裂、患上神经性耳鸣。我选择面对这一切不幸。整理成了我改变自我的灵丹妙药，帮我从没钱、没房、没工作、没能力、没朋友、没方向的困境中，一点点走出来。

一个人付出努力后，往往最容易看到效果的是身边环境的改变。随着在整理上投入了越来越多的时间和心力，整理让我受益颇多，身心获得了满满的成就感和幸福感。我还领悟到这件事可以帮助人们快速改变人生！

所以7年后的今天，我把乱糟糟的自己活成了整理术，从平庸的职场小白一路升级，从靠整理自我救赎到以整理为终身事业，像跳棋一样，不断成长，实现了人生逆袭和个人崛起。从自由职业者到开办公司、创立个人品牌，成为职业整理师导师，开办线下职业整理师训练营，我想让更多人认识到整理的重要性，通过整理让生活、工作变得更轻松，成为更好的自己。

关于整理

我认为整理是一项软技能，是将我们身边的有形的物品、空间，无形的时间、金钱、人脉、灵感等资源进行排列组合再分配的过程。如果再探究一步，整理的本质是由于对当下的自己不满，为了追求更好的自己，开始用整理探索自我，找寻人与物品、空间、家人和世界的关系。

如何阅读这本书

本书分为四个章节：1.整理的重要性，2.整理你的家，3.整理你的内心，4.提升你自己。如果你是一位整理零基础的朋友，建议按从1到4的顺序阅读。如果你已经完成了自家整理，现在期待提高工作效率、排除内心的焦虑，可以把这本书当成工具书，跳转到感兴趣的章节翻看。

为了让你获得更丰富的体验，更好地吸收书中的内容，书中的很多内容都可以通过扫描二维码，听到我的音频，看到我为你专门录制的整理小视频，边听音频、看视频边整理，效果棒棒的哦！

本书与同类书籍相比有以下3个特征

特征①——符合中国家庭习惯的中国式整理术。目前国内市面上的整理书籍，大多来自日本、美国、欧洲整理师前辈的分享。中国整理行业还处在朝阳阶段，很少有中国整理师从业超过5年，接触过整理行业的人有限，还有很多人连整理是什么都不知道。所以我决定把接地气的中国式整理方法、经验、自身经历、心得收获都分享出来，帮你有效缩短自我探索整理世界所需的时间，帮你体会到整理是种值得掌握的重要技能，是件让人开心的事，不应该被忽视。

市面上大多数书籍，都集中在整理有形的物品；我则认为无处不整理，你既要整理有形物品，也要整理无形人生。比如我在整理的第一年时，完成了自家物品、家具的整理，还重新做了简单装修，之后马上不满足于停留在物品整理的范围，快速把整理技能迁移到工作、财富、内心和个人成长方面。整理的最高境界，是融会贯通，探索、改善你和物品、空间、家人、世界的关系。

特征②——我从2011年起亲身实践7年以上，通过整理反转了人生。我自称是整理界最励志的，励志界最会整理的。因为整理，我改变了自己的命运，也希望书中的内容能让你感兴趣，触动到你，激励到你。

特征③——从2013年起，作为第一位中国整理讲师，我的课保持在全网整理线上课销量第一名的位置。课卖得好，并不是因为营销做得好，而是因为朴实、毫无保留的分享带来了好口碑，比如喜马拉雅上的音频课“让你脱胎换骨的人生整理术”一直保持4.8分（满分5分）的评价。目前全国付费学员3万名，许多学员听课后备受激励，当天就开启了自己的整理之旅。

没有大家的帮助，就没有这本书的诞生

最初2014到2015年，因为朋友刘娟的鼓励，我开始写这本书，当时写出11万字基础稿，可一直不满意，也阴错阳差没有出版。虽然觉得比较遗憾，但回想当初奋笔疾书的过程，仍然觉得专注写东西的日子是一段很珍贵的回忆。

放下几年之后，我又决定重新鼓起勇气把这本书完成。如今真正出版，感觉像在做梦一样。

在此感谢亲友们对我的帮助：感谢卷毛佟帮忙拍摄书中图片；感谢仲子微提供单反相机和拍摄场地；感谢整理师刘慧敏、整理师彭慧提供书中素材；特别感谢我的先生朱一宁，他在我写作过程中沏茶倒水加按摩，给予了大力支持。有了大家的陪伴，才有这本书的诞生。

整理很简单，人人都能掌握，学会了基本原则，之后无论怎么变化，只要坚持原则，就能看到效果。

祝福正在阅读的你，边整理，边享受改变带来的乐趣。希望你可以通过整理，在新的人生道路上轻装前行。

如果书中关于整理的观点让你受益，请和更多人分享这本书，把这本书作为一份改变生活的礼物，告诉身边的朋友、家人和同事，让他们和你一起开启整理之旅，通过整理获得快乐、幸福的人生。我的梦想是帮助更多人通过整理收获理想的人生，让世界变得更美好。在实现这个梦想的过程中，我需要你的支持。谢谢！

袁春楠
2018年5月于北京

整理的重要性

Hand drawing

1

春楠的原创手绘

- 混乱的家会释放负能量，拖拽房间主人走向焦虑边缘；整洁的家会一直保持流畅的能量场，让房间主人内心喜悦。

凌乱不堪的客厅不会让你有想坐下来和家人聊天的欲望，凌乱的卧室更不能给你安稳的睡眠。如果家都不能给你幸福感，那么你的人生注定很失败。

这个章节会集中介绍整理能够给你带来什么，告诉你整理的重要性。

After

01

通过整理收获幸福感

整理先从生活环境开始。也许你会问，整理内在和外在有什么先后顺序吗？其实完全可以同时开展，也可以有先来后到。每个人需要整理的程度不一样，有些人东西没那么乱，可内心垃圾需要清理；有些人是内心还好，但物品方面混乱一些。虽然每个人的情况不一样，但相同的是，要顺其自然地整理，不给自己太大压力。

说到底，**一个人老是不做整理，会形成思维定式，造成生活质量低，特喜欢凑合，还会遗留很多潜在问题，比如：**

1.乱。国外有一项研究说，一个成年人，如果他办公桌上乱七八糟，他平均每天会在找东西上花半小时，每个星期花3个半小时，一年就是182小时，差不多是一个上班族一个月的工作时间。不做整理的人特别容易出现以下情况：家里、办公室里、车里，只要是他经常出现的地方，到处都是东西，又多又乱，平时老丢东西、找不到东西，找不到就只能再买新的回来，形成恶性循环。

2.浪费空间、时间、金钱。在一个空间中，人和东西挤在一起，跟挤公交似的。东西越多，需要付出的管理、保养精力就越多，人工成本也就越高。丢了东西或找不到东西，只能重新花时间、花金钱去买，造成双重浪费。

3.思路混乱，做事拖延。我们每一天都要做大量决策，如果你身边老是乱糟糟的，你就很容易被周边杂物干扰视线和思路，思路一乱，头脑也跟着一团乱，接着就会做什么事都不顺手，自然患上拖延症。

4.缺乏安全感，变成物品的奴隶。因为不清楚自己现在拥有了什么，就会想当然地觉得自己拥有的太少，所以会害怕，这是对生活没有安全感的体现。现在社会上大家普遍压

力都很大，压力来自于方方面面。而如果对物品没有掌控力，压力一出现，就会习惯性地“自动导航”，选择用购物来解压，没完没了地买，最终成了物品忠实的奴隶。

如果你有上述问题，就说明你需要整理啦！

不整理有多不好，我们已经了解了。而整理的好处却很多：

1.通过整理，你可以学会对身边每一件物品进行确认和有效管理，让身边都是精品在为你服务。

2.通过整理，你能更加高效地运用空间、时间、金钱等资源，用最少的时间实现最多的想法。

3.通过整理，你可以明确知道自己拥有了什么，更加明白自己当下是无比富足、幸福的。

4.通过整理，你可以扔掉不合适的，并学会做选择，增强决策力。

5.通过整理，你会心情舒畅、思路清晰，知道自己该选择什么样的生活方式。

整理了几个月后，你会变得头脑清晰，记忆力也有了提高。不夸张地说，很多人的新生活都是在开始整理后开始的：有人从现在住的地方，搬到了更温暖、更舒服的房子里生活；有人意识到身边那个消耗了自己10年青春的男朋友并非真爱，结束了备受煎熬的日子；有人梳理了职业方向，把不喜欢的工作辞掉，开始做起喜欢和擅长的新工作。

现在，不整理的弊端和整理的好处大家都清楚了。

也许你现在的居家环境是有点乱，让你抓狂，一想起整理，第一反应是觉得痛苦，有畏难情绪，会在无可奈何的情况下才愿意动手整理一下，或者觉得找小时工来搞定就够了。这些都误解了整理的巨大价值。一个人会不会整理，会影响到他生活、工作、学习的每一个环节。尽早开始学习整理，会让一个人一生受益。可能你本身偏理性，把身边的一切安排得相对有一些条理了，但还可以再提高；可能你比较感性，那你需要的就是培养自己的条理性。我们学习整理的最终目的是让理性、感性相互结合，找到自己想要的生活方式，学会做人生选择。

整理的最高境界，是你自己觉得舒服，并和身边的空间、物品、人保持良好平衡。你过什么样的日子和别人毫无关系，把关注点放在自己的生活上，才更容易获得幸福感。

如果说这个房间约15平方米，每平方米房价是2万元，那么在你将各类闲置物品随意摆放在这个房间后，你就浪费了30万元！

After

02

不会整理
等于浪费财富

简化，说白了就是做减法。为什么要做减法呢？这让我想到最近收到的一封学员的邮件：春楠你好。我其实是喜欢收拾屋子的人，可屋里却很容易乱。尤其是周末家里来客人，就需要一整天的时间把屋子收拾出来。记得有两次朋友来家里做客，一进门，他们就说："你家东西真多啊！"这提醒我去审视家里的物品，可我觉得那些都是生活里的必需品，实在没法扔掉。怎么办呢？

相信很多人的家里都会和这位学员的情况有点像。东西一多，家里就会显得比较乱，整理起来也没什么头绪，这说明你的家里需要的是留白。留白从字面上来讲是中国艺术作品创作中常用的一种手法。想象一下国画作品，一张宣纸上只有一小幅花鸟图案配一小行诗词、签名，大部分位置都是空白的。当一幅艺术作品有足够的视觉留白时，更容易引起欣赏作品的观众的想象。

在我们的生活中，面对每一间房子、每一个桌面、每一个抽屉时，都需要有留白的概念。一个房间留白太多，会给人过于空的感觉，温度不够，人会不愿意长时间在这里停留；一个房间留白太少，会给人过于拥挤的感觉，虽然有温度，但人长时间在这里停留会容易分心，特别躁动。

留白的标准是任何房间、家具的表面都保持80%的留白。柜橱、抽屉里这种不打开就看不见的地方，是不是就不需要留白了呢？也是需要留白的，内部空间留白达到20%就好。

具体到留白比例的界定，我们来想象一下，一张桌子上什么东西都没放，它的留白就是100%。实际生活中，你家里一张桌子可能是多功能的，平时会在上面工作、吃饭、摆放装饰品。你家的茶几、餐桌、写字桌表面，甚至地面上可能都堆满了东西，每天面对零留

● 任何空间都需要留白。外在空间比如桌面在整理后可以保持80%留白，是为了随时可以坐在桌前开展工作、学习；内在空间比如抽屉、橱柜内可以保持20%留白，是为了方便拿取物品和把新的物品轻松放入。

白的视觉环境，是很可怕的一件事。如果一个桌面经过整理，把各类物品分别做淘汰，或者移动收纳到其他区域，做好各种调整，桌面只留下两三件必要物品，这样的桌面才是达到了大约80%的留白。

留白十分重要，如果你让大量物品占据了家里的空间，就没法轻松地迎接未来更适合你、更精美的物品进来。**大部分人总是喜欢买东西，买回来之后就塞在家里不管了，家就变成了“貔貅”，但其实家也是需要新陈代谢的。**物品在家里也要有进有出。进了家门的物品，一部分可能永久保留，一部分也要在适当的时候丢掉、送人、回收、转卖，让它们从家里消失。物品的种类、数量少了，才能做到一目了然，迅速找到想要用的东西，省去了找东西的过程，大约可以为你节省30%的宝贵时间。

前两年我工作特别集中，压力大，会重复说着同样的内容，特别枯燥，感觉进入了职业倦怠期。所以我在今年的年度目标里特别留出了更多的空白，让我恢复了对整理这件事的热情。这说明无论是有形还是无形的事物，都需要有留白存在。

● 各类橱柜和收纳工具也要保持留白。

我在到过很多家庭进行实地上门整理之后发现，大部分人都拥有非常多的物品，只是他真正需要用的东西大概只占其中的50%，并不适合他的大概占25%，可有可无的也大概占25%。

在做家庭物品简化的过程中，我们需要有意识地把物品分成3个大类：A类是常用的，也就是生活必需品，是你每天或每个星期至少会使用一次的物品；B类是备用物品，可有可无的，通常是你一个月、一个季度、半年才会用到一次的；C类是没用的，也就是那些你未来一两年也不会用一次的，完全可以舍弃。具体的比例为A类占家庭物品总量的50%左右，B类和C类各占家庭物品总量的25%左右，也就是2∶1∶1的关系。

最开始，你在区分A、B、C 3类物品，判断一件物品是否有用，到底是去是留的时候，可能会觉得有点头疼，不过没关系，这是一个非常好的锻炼我们分类能力和判断能力的机会。面对每一件物品的时候，问自己，留着它，我会开心吗？这样不断地练习后，未来在对任何事情做判断的时候，能达到最快3秒钟做出一个决定的水平。这可以帮助你从一个犹豫不决的人转变成能够高效快速应变的人。

A类物品到底多少种合适呢？我之前做了一个实验：我想知道一个人为了保持现有的生活状态，到底要拥有多少件物品才足够，就列了一份清单，发现有130种东西就可以让一个人拥有最基础的舒适生活了。比如说电脑、手机、毛巾、餐具等，每种有1件就够了。像我家，我的衣服、鞋子都是有固定数量的：鞋子15双左右，一年四季外穿的衣服35套，等等。可以检查一下，你家里到底有多少种物品呢？其实我们平时经常会用到的必需品比我们想象的要少多了。

还有一些物品我们心里不太喜欢，但总想着还能凑合着用，等用完了、用坏了再说。这种凑合着过日子的心态也是要不得的。

下面我们重点来聊一下B类物品。“囤货”是很多女性的通病。比如有些人遇到电商购物节打折促销，洗发水、洗衣液、卫生纸都是一箱箱往家搬的；还有些人家里看上去像个超级市场似的。明明只有一张脸，非囤5盒粉饼、5支睫毛膏、50支口红；再去厨房打开冰箱门一看，满满当当都是没拆封的食品，冰箱门都快关不上了。真不知道得用多久才能把这些全消耗掉。日用品相对好一点，但是食物好多是还没吃完就坏了，事实上这一圈折腾算下来，便宜一点没占着，反而浪费了自己用来采购和处理这些物品所花的金钱和时间，得不偿失。备用物品太多了，家里就会像一个囤积症患者的仓库。囤积症的产生或许是因为商家打折力度大，或许是因为想勤俭持家，但更多是因为内心匮乏，充满不安全感，所以需要物品来填补。家里杂乱的时候，你可能会用很多东西来填满内心，想让自己有安全感。整理之后，你就不再需要靠其他东西来帮你增加安全感了。

这么多的书横七竖八地摆了一整面墙，你还有拿起书看的欲望吗？是不是站在这面书墙的面前就很有压力？

备用物品的数量是多少比较合适？建议你先按照自己的使用量来算笔小账。拿化妆品举例，如果你大概1个季度能用掉1瓶，1年就是用4瓶，你就可以知道就算你遇见多么喜欢的品牌在促销，你也只需要买4瓶就够了，因为你1年最多能消耗的也就是4瓶，买多了就要送人，否则很可能在你手里放到过期。如果平时很少买东西，家里收纳空间也比较小，那完全可以一次性买1个季度的用量，用完前的1个星期再购买下个季度的用量就可以了，不需要囤积太多。

最后，是C类物品。什么算是没用的物品？总的来说，是那些你未来一两年都不会用到，也不会想要留给孩子用，没什么价值的物品。比如读过一遍后放在书架上，但再也不会看第二遍的书；买回来穿了一次，感觉特别磨脚的鞋子；电子产品附带的各种包装箱和说明书；几百张过去的旧影碟（家里的电脑没有光驱，无法播放，而且也没有纪念意义）；等等。很多人或许不相信也不承认自己家中有好些C类物品。但当你把家中所有物品都整理一遍的时候，你会发现C类物品比你想象的要多得多，有些你甚至都想不起来是什么时候带回家的了，你从没有关注过它们。一个人的精力毕竟是有限的，家中物品太多，自然很难做到对每一件都了如指掌，这也是我反复强调减少家中物品数量的原因所在。

对家里物品做减法的方法，最简单的就是扔。有本书叫作“丢掉50样东西，找回100分人生”，书名起得很有新意，大家可以试试看，**从身边50件不必需的闲置物品、不适合当下自己的杂物开始做减法**，循序渐进。**我们的终极目标是，让房间呈现最大化的留白状态，并且让家中所有的物品都适合当下的我们。**

扔的时候没有必要对自己生气，或者有愧疚感，责备自己败家。扔的时候可以念这样一句咒语：我感谢你们曾经的陪伴，现在我们之间的缘分已经淡了，希望你们未来有机会服务下一个主人。同时也对自己说：**家里杂物变少了，房间就能变得明亮，有更多留白，变整洁了，人生中的好运、惊喜就会跟着来。**

如果不舍得扔怎么办呢？你可以设一个临时物品收纳区，做个缓冲。它可以是一个收纳箱或者一个大袋子，先把没法下决心扔掉的东西放进去，如果1—3个月之后，你还没有想起来要使用它们的话，就说明你可以和这些东西说再见了。

不断地判断一件物品到底属于A类、B类还是C类，可以提高你的分类能力，帮你形成3秒钟内对一件事做出判断的能力，你会逐渐知道，如果过去思路能这么敏捷该有多好。如果以前你每年花在这些可以扔掉的东西上的钱最少要1万元，那么学习了整理之后，在未来的30年里，你每年都可以省下至少1万元，而30年就至少是30万元。这样看来，整理真的可以帮助你减少对财富的浪费。

客厅茶几上的这些东西，你真的每天都会用吗？少了其中一部分，你是否会减少一些压力呢？

03

学会
对生活做减法

有些朋友问，整理只是扔东西吗？当然不是，光靠扔是不能把所有问题都解决掉的。除了扔，我还提供5种方法供大家选择：移形大法、赠送、捐赠、卖闲置和交换，这些方法可以用来处理自己不再那么喜欢、不再那么需要，让自己有一点小纠结的东西。

现在你可以看一下你的客厅（你如果没在家里，可以回想一下今天早晨离开家时，客厅的状态）：是堆积得满满当当，还是有50%以上的留白呢？如果你家里拥有的物品数量已经大于储物空间了，那把东西从一个位置转移到另外一个位置并不能解决实际问题，是不是？把物品数量做适当的减法，这才是最明智的选择。你可以回忆一下，逛家具城时看到的展示房间以及买房时参观的样板间，一定都是有大量留白的，而且房间中摆放的装饰品的数量也是刚刚好，让整个房间看上去既舒适又大方。而如果你的屋子里到处堆积得满满当当，那就算是每一件东西都非常精致，也只会让屋子看上去像一个杂货摊。

下面为你一一介绍打造极简生活的5种方法。

1. 移形大法

就是把备用物品找出来一套收纳到行李箱里就可以了。比如我们可以提前准备一套日用品，如卫生纸、湿纸巾等放在行李箱中。这样，即便遇到突然出差的情况也可以随时拿箱子出门。衣橱里那些有一点点夸张、不适合日常上班穿着的衣服，也可以放在行李箱中，变成专门旅行的服装。小物件可以用透明自封袋等收纳工具分类收纳好放进行李箱里。我就有两个一样款式的行李箱，一个红色、一个黑色：红色的箱子比较漂亮，专门分类收纳在北京出门工作时使用的物品；黑色的箱子比较耐脏，专门放国内出差旅行的专用物品。这样一来，东西不仅不用扔，还能物尽其用，也给衣橱、杂物柜释放出了不少空

物品各归其位，空间功能区明确，可以让家中有序，内心平静。

After

间，甚至能提前收拾好行李，一举多得！

2. 赠送

把家里收拾出来的闲置物品送给亲戚朋友。前提是，你要确保人家真的需要这些东西，不要强迫性赠送。记得2013年的夏天，我的新浪博客有100位以上的粉丝，我还加入了一些有几千人的QQ群，在这样的群众基础之下，我就开展了一次行动，把家里的闲置物品先拍大合影，再列好清单发布在博客上，然后把清单的链接转发到几个QQ群里进行广泛推广，让更多人知道我要送东西这件事情。我的标题也起得很有吸引力，叫作“袁春楠不过了”。结果呢，第一批东西在30分钟之内就快速送出去了，很多人都认领了他们想要的物品，让我特别惊喜。我觉得这是一件很好的事情呀，既帮助了别人，又帮助了自己。之后，我就用同样的办法，送出了第二、第三批闲置物品。我一共送出了1200件大大小小的东西。赠送让我的房间、空间和身心都进行了一次排毒，让我的房间多出了非常多留白，还让我认识了很多全国各地的新朋友，也是一举多得。

3. 捐赠

可以把闲置物品赠送给公益组织。比如“同心互惠”这个公益组织，是有微信公众号的，搜索到之后就能够看到他们的捐赠热线电话，打通之后就会有专人告诉你把物品送到哪儿去。通常当你把物品批量捐赠给公益组织后，会获得一张捐赠证明。

4. 卖闲置

你可以选择在“咸鱼”这类交易二手闲置物品的App上出售或交换你的闲置物品，来弥补之前购买物品时损失的金钱，或交换到你需要的物品。

5. 交换

这个法子特别适合女性朋友。前段时间，我和两位闺密举办了一次换衣party，大家都带着那些不知道该怎么搭配的衣服和犹豫要不要扔掉的衣服，集中到一位闺密家，一边喝着茶，一边聊天，一边一件件地试穿，全程特别开心，而且特别容易从别人的视角当中找到穿衣服的灵感。原来同样的衣服，穿在适合的人身上，马上就能凸显出她的个性和气质。几个小时过去，我们每个人都收获了很多件心仪的衣服，满载而归。

正确的收纳，有小空间大利用的神奇效果。在埋怨房子小前，先看看自己是否会收纳吧！

04

让物品为你服务，拥有高效生活

这几年，很多人都经常使用“收纳”这个词，到底什么是收纳呢？所谓的收纳，是为了高效生活，把确定需要的物品用一些方法、工具收起来，放在空间里合适的固定位置，以方便下次要使用时第一时间拿取。收纳过程分成规划、归类、归位。其中规划部分是最重要的。

规划，是提前给家庭每个空间设定规则，根据需求制订装修计划、家具和物品摆放计划。比如你家是三室二厅，每个房间、每个厅应该怎么设定功能主题，每个区域应该是哪一个家庭成员主要使用的，都需要定下清晰明确的规则。我去过很多需要上门整理的客户家，发现他们每个人家里都会有一两本与整理相关的书，只不过买了没怎么看；或者看了也没怎么行动；或者行动了，还是整理不好——买了书，似乎遇到的问题更多了。其实之所以会遇到各种问题，是因为卡在规划这里。**一个房子的购买、租用、装修和入住，如果并不适合你的生活方式，那么不管扔掉了多少东西，在房子里怎么来回折腾，还是会有很多不对劲的地方。**

如果你短时间没法搬家、换新环境，你可以参考我做空间规划的方法。之前我找过设计师朋友出谋划策，朋友给我出的主意是让我拿出一张A4草稿纸来，先在纸上把自己的房间现在大致的样子画下来，然后重新思考在每一个方位上，要做什么样的改动，才能满足现有的生活便利性，再去画第二张理想中的家的图。

朋友的建议给了我很大启发，我以前从来没有想过对现有的家的各个功能区进行改造，我以前只不过是把父母买来的一批批家具直接放在家里有空当的地方。5年前，我住的是老房子，一个长方形的大开间，所以很容易重新规划。记得那时候**我第一次觉得自己应**

● 给你的家测量尺寸，为进一步规划做准备。

● 画出房间平面图，标出想购买的物品，如果已经知道物品价格，也可以写下来作为预算参考。

该成为房子的主人，以一个设计师的身份重新给房子进行安排。当我在A4纸上画的时候，我就已经发现自己对现有的格局，实在是不满意，有很多位置是重复多余的，比如老的家具不能扔，被迫堆积在房间里；有些家具横着放是遮挡阳光的，可以改变方向。画完了第一张现有的家居环境图纸之后，我又在第二张草稿纸上重新画了一张理想中的家居图，记得当时对新的格局还是很满意和期待改变的。虽说我的想法父母肯定不会支持，但是一个晚上，我就靠自己的力量，把房间里的很多家具改变了位置，比如书柜的移动，我是生生把上百本书都先拿下来，然后自己推着书柜改变位置，最后把书重新收纳回书柜的。这说明很多时候，我们在有了想法之后，得果断行动，改变之后往往比改变之前强很多。如果我们的思路都能够以人为主，认识到自己应该成为自己房间的主人，有勇气重新做规划设计，那么任何一个房间都可以在现有基础上大变身。

再分享个小案例。我曾经去过一位IT男客户家上门整理，他的房间是零居室的全开式房间，整理前书桌随意地贴一面墙摆着，和杂物架、书柜、搬家之后懒得打开的一堆大纸箱子，都挤在一起。改变家具位置后，整个房间利用率大多了：书桌摆放在窗边，离床铺的距离很远，看上去有功能区分开的感觉；杂物架前面的遮挡物都被移开，也很容易拿取想要的物品。这个零居室在装修时遗留了一些埋管道时产生的凸位和凹位，男客户的小书架刚好嵌入凹位，空间利用更合理了。

但凡超过3个分类，3个抽屉的区域最好都用标签进行定位，便于后期快速拿取物品和归位。

规划之后是第二步，归类。这需要我们在单个功能区里，把不同的家具、收纳工具、物品按照类别区分，同类型的物品最好能放在一个功能区里，比如书籍，有的家庭每个房间包括卫生间都有书，书在家里随时

“旅行”，反而想看一本书的时候，却找不到书了。最好的办法是把书统一放在家中书柜区域，这样家庭中每个人都知道找书的时候应该去哪儿。另外十分推荐大家在类别比较多的地方贴标签，比如杂物架上、冰箱里的收纳盒上，甚至如果你家里开关特别多，每个开关上也可以贴标签，区分出客厅、餐厅、走廊的电灯开关是哪一个。还是那个原理，**同类物品如果放3件，人的大脑是比较容易记忆的；超过3件，就容易忘记，需要制作标签做下提醒，**这样做主要是为了帮助我们节省时间。现在做标签十分方便，可以选择买一批空白不干胶贴的标签，自己用马克笔手写；也可以购买标签机，一次性打印出自己需要的关键词、颜色和图标。

规划、归类之后，最后是归位的问题。如果前几个步骤都做到了，最后的归位环节就非常简单了。通常，我们对自己的东西用完后应该放回哪里都比较清楚，但督促家人养成用完放回原处的习惯，则需要一段时间（3—4个星期）。在这段时间里不断通过自己的做法对家人产生影响，让家人产生把东西归位之后再找出来用又快捷又方便的愉悦感，这种开心的感觉，会推动他们后续不断完成归位，最终养成归位的习惯。

05
清单法，保持整洁不复乱

● 刚刚整理完毕的样子。

● 整理完毕1周后的样子。

很多小伙伴曾反映，在做过大型整理和大扫除后，家里莫名就又乱了，觉得整理之后，保持才是最难的事。

很多人认为整理后的保持比整理本身还要复杂。我想告诉你一个小秘诀，让整理之后的保持变得很简单：前期整理时只要经过规划，固定不同物品的收纳位置，平时你要做的就只不过是把物品归位，对新加入的物品快速决定收纳位置而已。单独从坚持的“持”字来看，一个提手旁，一个寺院的“寺”，想象一下，坚持不就像每天清扫寺院这种日常的修行一样吗？也就是说想让持有的物品持久、持续保持最整洁的状态，只需要每天花一点时间维护，比如从每天5分钟开始。

相信大多数人和我当初一样，是从自己家最容易开展的一个角落，比如门口，或者是影响生活质量的重灾区，比如衣橱开始整理的，一直到整个家都整理完毕。可以说整理活动开展得比较随机。

如果你希望在日常维护的时候更轻松，还可以用清单法，把整理行动标准化，进一步为家庭和办公环境提升整理效能。提起清单，大家都不陌生。说起它的重要性，先给你介绍一本书——《清单革命》。

这本书的作者阿图·葛文德是哈佛大学医学院教授，《时代》周刊2010年全球100位最具影响力人物榜单中唯一的医生，他在书中罗列了大量医疗案例，证实要挽救一个患者的生命，需要几十位医护人员正确实施几千个治疗步骤，任何一个步骤的疏忽都可能置人于死地。医生们认为自己是专家，认为依赖一张小清单进行工作太丢面子了，结果导致医疗失败率居高不下。阿图·葛文德尽一切努力证明清单的巨大价值，还影响奥巴马推动了美国医改，可见清单的重要性。

用清单到底有什么好处呢？很简单，**清单为大脑搭建起了一张“认知防护网”，它弥补了人类与生俱来的认知缺陷，比如记忆不完整或者注意力不集中等问题。一个人处在压力状态时，脑力更是有限，容易引发各种风险。相信清单，它可以在复杂的世界中拯救你的生活。**

制作和利用家庭整理清单只需要3小步。

31天整理清单

周	整理内容	周一	周二	周三	周四	周五	周六	周日
第一周	门厅、餐厅、客厅	门口、门厅地面杂物	门厅柜、鞋柜	餐厅地面杂物、餐桌表面	餐厅储物柜	客厅地面、沙发区杂物	客厅茶几	客厅电视柜
第二周	卧室、衣橱、书房	卧室床、床头柜	男士衣橱	女士衣橱	女士梳妆台	书桌	书柜	文件柜
第三周	厨房、卫生间、洗衣房	厨房地面、储物间	厨房料理区、台面	厨房橱柜	厨房冰箱	马桶区、浴室地面	梳妆镜台面	洗衣区地面、洗衣用品
第四周	儿童房、宠物窝	儿童衣橱	儿童书柜	儿童书桌	儿童玩具	宠物小窝	储物间	阳台
第五周	交通工具	汽车后备厢	汽车驾驶室、座椅					

1.拿出纸笔，或打开Excel表格。

2.列出一个月每一天中，要具体整理哪些功能区，其实是把整理家这个大任务分解成多个小任务。比如：

第1—7天：第一周主题是“门面”，主要是3个厅，包括门厅、餐厅、客厅，这里是家人交流、沟通的功能区。

具体分门口和门厅、门厅柜和鞋柜、餐厅餐桌、餐厅储物柜、客厅沙发区、客厅茶几、客厅电视柜7个区域。比如在整理门口的时候，可以收好一进门随手放的雨伞，把脱在门厅的鞋子放进鞋柜，把门口打算扔的垃圾带到垃圾桶附近，等等。

第8—14天：第二周主题是“表里如一”，即整理卧室、衣橱和书房，这里是休养身心、提升形象和思想的功能区，不要把其他功能带进去。

具体分卧室的床和床头柜、男士衣橱、女士衣橱、女士梳妆台、书桌、书柜、文件柜7个区域。比如在整理卧室床和床头柜时，可以换洗床单、枕套、枕巾，把床头柜上随手扔的衣服挂起来或放到洗衣机里。

第15—21天：第三周主题是“健康”，包括厨房、卫生间、洗衣房，这里是家人保持健康的功能区。

具体分厨房地面及储物间、厨房料理区及台面、厨房橱柜、厨房冰箱、浴室地面及马桶区、梳妆镜台面、洗衣区及洗衣用品7个区域。比如在整理厨房橱柜的时候，可以把购物袋、塑料袋里的食材拿出来，袋子集中收纳；厨具、餐具、茶具清洁后分类收纳；确认清洁用品剩余量还有多少，需不需要购买，刷碗布要不要换块新的；查看储备的食材、调料有没有过期；等等。

第22—28天：第四周主题是“亲子”，包括儿童房、宠物窝，这里是给予爱的功能区；以及家中可能会出现的其他功能区。

具体分儿童衣橱、儿童书柜、儿童书桌、儿童玩具、宠物小窝、储物间和阳台7个区域。比如在整理儿童玩具区的时候，可以用多层收纳箱来教孩子分类放玩具，玩具的类型大致分成10种，有积木、橡皮泥、拼图、洋娃娃、玩具刀枪、球类、玩具车、模型手办、乐器、洗澡玩具等。每天边陪孩子玩边教他怎么给玩具做分类，等玩完了之后和孩子说：“现在是晚上了，玩具们要回家啦。”孩子最开始没有归位的意识，家长可以拿着垃圾桶假装说：“如果你不把玩具放回家，我就要把它们放到垃圾桶里了。”这样一来二去，孩子就会养成将玩具归位的良好习惯了。其实妈妈们之所以感觉有了孩子之后做整理特别累，往往是因为自己还没做好物归原位，孩子没法模仿，家里乱的时候全靠妈妈代劳，久而久之，形成了恶性循环。

如果一个月里还有第29、30、31天，可以加一个彩蛋主题——交通工具，包括整理汽车后备厢、电动车后备厢、汽车座椅等。

以上列出的清单是给大家的整体思路，真正实施的时候，进行适当的个性化调整更好。

3.每天拿着清单，找到当天计划整理的功能区，完成整理后，在清单上对应的位置画个对钩。

比如你打算每天下班后做5分钟整理，可以养成习惯，拿个倒计时器，定好5分钟。时间似乎很短，但只要精力集中，绝对高效率。当倒计时器嘀嘀嗒嗒地响起时，你的身体会不由自主地进入到整理状态。根据清单，专注在一个功能区做整理。5分钟一到，铃声一响，就可以收工了。很简单有效，是不是？如果5分钟之后你感觉还有兴趣继续，当然更好。

就这样一个月结束之后，下个月继续。养成习惯后，周期性地把家中各功能区和归属物品都检查一遍，你就好像升级成了家庭管家。

以前，你可能会把东西带回家后连看都不看一眼，更别提接触了，做不到物尽其用。**当你真的当起家庭管家之后，会逐渐达到活在当下的境界，对自己到底要什么、要多少更加明确了。**

Chapter 2

整理你的家

My Dream Hous

餐具
食品
柜

冰箱

卫生间

健身房

厨房

门厅
柜

鞋柜

餐厅

客

Hand drawing

2

春楠的原创手绘

- 这是春楠老师理想中的家，你理想中的家又是什么样的呢？

Before

After

01

家里乱的8种原因和解决方案

下面为你集中分析造成家里乱糟糟的各种原因，以便你对症下药，快速找到解决方案。

第一个原因：物质丰富诱惑多。

我们身边物质丰富、诱惑很多，我们经常买了自己不需要的杂物，只是偶尔用一下或者只是想试试看，这是导致家里很乱的原因之一。不过，这个世界上非常有整理意识、能拒绝大部分物质诱惑的人（也就是现在常说的“极简主义者”）毕竟是少数。以前有一位女大学生告诉我，她从大一开始接触极简主义后就开始要求自己过极简生活，很多时候看见漂亮衣服忍着不买，看见好吃的忍着不吃，反而比以前更痛苦了。

我想，人生而有欲望，刻意过分地压制欲望，有时候反而不利于人的成长。不同阶段有不同的选择，尤其人在青年阶段，不多尝试自己适合穿什么，喜欢吃什么，缺少了做选择的练习，很可能你今天只是不知道选什么衣服穿，以后就可能会不知道该选择什么样的人生伴侣，更别提找到让自己舒心的生活方式了。

女生的东西本身就多，护肤品、彩妆、香水、各类工具一个都不能少，在物品不减少的情况下保持整洁的秘诀就是整理！

第二个原因：剁不完的手。

原始社会中，女性是家里负责出门采摘果实的角色——拿着筐，这边摘几个，那边采几个。这就像现在的女性去购物中心一样——这家店挑几件，那家店选几件。很多人买东西时是全凭感觉的，尤其是遇到打折促销、买一送几的活动时，更是非买不可，完全不考虑买来的东西是不是自己真正需要的。比如赠送的洗发水可能并不适合自己或家人的发质，扔掉可惜，留下又占空间；打折券一般都有有效期，为了不浪费，只好在过期之前用掉，结果又买了一堆没有多大用处的东西。

很多职场女性习惯靠网购缓解压力，压力一大，就买东西回家，甚至几乎每天都能收到一个快递包裹。之前有一个女学员和我分享了她的购物习惯：一有压力，就拿起手机浏览购物网站，把各种自己觉得不错的东西放到购物车里，直到加满99个，就把它们都买下来。现代社会，压力是无处不在的，可想而知这样的习惯会让家里多出多少物品，自然会混乱不堪。

想要管住自己的手，你可以把日常生活按照空间情景分成出门在外时和在家里时两部分，根据不同的情景采取不同的方法。

每天出门上班的时候，提醒自己理性面对那些公交站牌上、地铁通道中以及大街小巷两旁铺天盖地的商业广告，因为它们都会对你的潜意识产生影响，让你在不知不觉中完成了购物行为，购物时还选择了某个特定的品牌。如果有人要送你一些你并不需要的小赠品，你也要勇于拒绝，因为这些赠品通常并没有多大价值，带回家后只会白白地占据空间。如果必须要去购物，那最好吃饱了再去，因为通常“吃”的欲望满足后，买东西的欲望会有所降低；把要买的东西列在一张清单上，按照清单去买，不买没有列入的物品。购物时最好不要推车，也尽量不要拿购物篮，因为它们都属于收纳工具，会让人产生将其填满的欲望，这很可能导致你原本只想买2件东西，最后却买了20件。

在家里的时候，也建议你列一张清单，量化一下你拥有的衣服、家具等物品。清单列好后，你会发现，你拥有的东西比你想象的多多了。大到房子、车子，小到家具、箱子，其实都是收纳工具的一种。很多人认为买了收纳工具后，把东西装进去就是完成收纳了，但这其实是本末倒置的——应该先把物品的数量简化，再根据简化后刚刚好的数量去选择收纳工具。当你整理了一段时间之后，可能会发现很多收纳箱已经空了，那就没必要继续留着它们，可以淘汰掉；家具也是一样。我就是按照这样的思路进行整理的，在2015年“双11”的时候，我把自己的汽车也卖掉了。

摆放物品时要保持桌面有留白。只买你真正需要的物品，对物品的选择彰显一个人的品位。

第三个原因：购物太盲目。

很多人购物时是盲目的，看上一件物品后，不会考虑家里地方有多大，认为想买的东西有多大，家就可以有多大。可能你为了满足收集欲望，买了一整套非常占空间又不会经常用到的“二十四史”精装书；你明明房间不大，却非要跟风买个一人多高的玩具回来，玩具放床上，你都没有地方睡觉了。

建议大家将家里的靠枕、沙发垫、椅子套都换成成套或者统一色系的。你会发现当过多的装饰品被拿掉后，反而产生了留白的美感。

第四个原因：扔得不少，但买得更多。

很多人说，我挺舍得扔的，可会买回更多东西，怎么办？好办，**我们要回归小时候的好习惯，重新和物品之间建立某种仪式感、契约精神，你会更容易小心地把每一件都用完。**小时候我们得到一本新书，会很开心地找挂历纸，给书包个完美的书皮，每次读这本书的时候都会爱不释手。现在包书皮的环节可以省略，每当买回一个新的笔记本时，可以写上名字、开始用的日期，画上你的小头像。一旦和物品建立了连接，你会感觉它成了陪伴你的朋友，不用完，都不好意思再买新的回来。

● 在本子第一页写上自己的名字，画上小头像，会有激励人把本子用完的效果。

第五个原因：破窗效应—— 一处懒得整理，到处都乱了。

如果一个环境里很小的一部分不良现象被放任不管，生活在这个环境中的人就会互相模仿，甚至变本加厉。比如一所房子如果有一扇玻璃窗破掉了，一直拖着不修，路过房子的人看到了，可能就会打破更多的玻璃窗；马路上有一些垃圾没有清理，人们看到了可能就会扔下更多垃圾，最后大家就会理所当然地把垃圾顺手扔到地上。这种现象，就是犯罪心理学中的“破窗效应”。在现实生活中，它也普遍存在于我们的小区楼道里：楼道是公共区域，有人堆了个闲置沙发，它旁边就会出现一辆婴儿车、几个纸箱子……之后楼道就会越来越拥挤。

一个地方乱，会导致到处都乱。要想解决这个问题，可以从家里任意一个小角落开始整理起来，每天整理一点点，直到家里所有乱的位置被各个突破，整个家也就变得整洁了。

建议大家购买有柜门的展示柜，这样你可以通过将物品“藏起来”来保持整洁。但为了不复乱，还是建议大家将家中的各类柜橱也保持好留白。

第六个原因：没时间，特别忙，不喜欢整理。

针对这个理由，我们也有办法：每天用碎片时间试试看，1分钟也能删除10张根本没价值的照片，5分钟也能整理一个抽屉吧？每天整理5分钟，你可以试试看，会收到意想不到的效果。如果你自己就是不喜欢整理，不愿意动手，别勉强，找小时工协助试试看。如果家里实在太乱，你可以一次性约两三个小时工配合你，前提是你要懂得整理的思路，知道怎么协调管理每个小时工负责家里哪个区域的工作。

透明茶几、边桌稍不留意，堆积了物品就会显得很乱。建议桌面保持70%—80%的留白，用适当的收纳工具完成物品类型整合。

第七个原因：和长辈住在一起。

因为各种原因和父母、公婆住在一起的人不在少数。我之前也和父母住在一起。我父母都是囤积症严重的人。我母亲喜欢收集商场打折的衣服、床单，这些年花了不少钱，买的衣服基本上都比较难看，只能睡觉穿、干活穿、做饭穿，出门的衣服就那么几件。我父亲特别喜欢收集便宜的杂物，他不喜欢扔东西，有时候还往家里捡东西。他也没想过买更大的房子住，现在还和一堆东西挤在一起生活呢。在我小的时候，我父亲经常说一句话，现在想想挺伤人的。他说："你知道你坐的凳子是红木的吗？贵着呢，摔着你也不能把我的凳子给摔了。"像这样的回忆挺多的。长大之后我才意识到，父母那一代经历过饥荒、"上山下乡"等，吃过很多苦，大部分人受到历史变革的影响，变得过于看重物质。再加上不知道怎么表达自己的想法，往往让孩子也跟着受很多影响。父母习惯了物质贫瘠的生活，从表面上看，他们好像是珍惜那些东西，其实是不肯对自己再好一点。我在30岁之后的整理过程中，想过改变他们，但没有成功；我的父母也不愿意让我动他们的东西，认为我冒犯了他们的生活。我相信很多人都尝试过改变父母的习惯，结果不仅父母没被改变，双方之间还出现了相当大的矛盾冲突，这样就得不偿失了。想要改善这种情况，最好的办法是：

每个房间和收纳架的功能只能有一个。有宝宝的家庭，建议把孩子的物品也统一收纳整理，让孩子养成物归原处的好习惯。

1.先把自己的物品整理好，再考虑整理公共区域。要想带动家人改变，最好的方法是先把自己的空间整理好，把自己应该扔的东西扔掉。家人会在你的影响下自发地改变。

2.陪父母一起看跟整理相关

的电影、视频等进行学习。

3.尊重父母的习惯，毕竟那是他们几十年来的生活方式。

第八个原因：家里有宝宝。

很多妈妈提起家里有了娃之后，到处都是孩子的东西，玩具、书、衣服都变得特别多。以前我去一个有宝宝的客户家做上门整理的时候，一进屋就感觉家里相当杂乱；有一位学员家的孩子已经8岁了，也有自己的房间，可家里到处都是孩子的东西。如果你的孩子比较大了，还把东西到处乱扔，这也是家里缺乏界线的表现。帮孩子养成整理的好习惯，也是在有意识地培养孩子学会为自己负责。

在家里没有设置明确的界线，孩子就不知道哪个房间是父母专用的，哪里是共用的，就会把自己的玩具、书籍、涂鸦等摆得到处都是。不少家长对家庭空间怎么用，没有清晰的思路，被动地听了一些教育专家的意见，比如说从小让孩子在家里到处都能玩到玩具，随手可以翻到图书，这样孩子才能随时开发智力，养成爱读书的好习惯。先不论这样对不对，至少如果孩子已经长大一些了，是不是可以把散落在沙发扶手上的书集中放在书架上，把孩子的绘画作品从家里每一面墙上集中到一个固定的作品展示区呢？家里需要设置明确的界线，不能到处都成了孩子的游乐场、图书馆。

还有一些解决方案，包括在结婚、生孩子之前，就把孩子未来会用的小房间提前规划出来。

02

简化、收纳、升级，3步让房屋变干净

经过5年整理实践，我把整理全过程总结成了3层境界。

第一层境界是清洁。

《朱子家训》中说“黎明即起，洒扫庭除，要内外整洁”，如果我们只需花些体力，就可以把家里的地面、桌面、角落的垃圾清空，把落满灰尘的门窗擦洗干净，让整个家不仅看上去变得整洁，还能让人身心愉悦，那么，何乐而不为呢？在不忙碌的日子里，我特别喜欢每日一扫，只需要5分钟，把家里每个房间地面上的灰尘清扫干净，收集到簸箕里，倒到垃圾桶里，这个过程好像在和家对话。虽然时间短，虽然做的事情和经济价值不沾边，但你是在专注地做一件不仅自己得到了放松，也让家放松的事，这也就成了一种微小的修行。忙碌的日子里，我会把清洁工作外包给保洁阿姨分担。阿姨们都很专业，比我做扫除的效率高多了。我们要明白，不同阶段，可以有不同选择。

第二层境界，才是物品的整理。

一步步地把每一个功能区整理完毕，前期主要花80%以上的精力搞清楚在你家里每个功能区应该怎么布置，这个环节需要付出体力和脑力。

先做清洁，再做物品整理，那么第三层境界是什么呢？是新陈代谢。

当你做整理的境界达到第二层之后，最终会形成整理习惯和整理思维，形成自己独有的、个性化的整理系统。做到了这一点，你的人生整理功课才算做完。未来就是享受整理结果的过程了，后期往往可以只花5—15分钟就完成了日常整理，既轻松又愉悦。

没有人会愿意待在脏乱不堪的家中，干净整洁的家更有利于亲人们交流感情。

3层境界——清洁、整理、新陈代谢大家都了解了，最难的当然是第二层，我们重点来分解整理步骤。整理分为3步：简化、收纳和升级。

第一步　简化

顾名思义，就是减少物品的数量，给家庭空间做减法。

第二步　收纳

我把收纳方法和过程总结成3个“guī”，即规划、归类、归位。

收纳的第一个“guī”是规划，也就是给家庭各空间设定标准。比如三室二厅的家，门厅、客厅、餐厅、卧室、书房、儿童房，要根据实际居住需求设定功能主题，每个区域给

如果家中储物空间紧张，可以考虑在阳台打一组储物柜，存放不怕晒、不怕灰尘的物品，每层分类收纳物品。如图所示，这个家庭的阳台柜在收纳方面是不及格的，虽然所有的物品都拿塑料袋收纳了，但是却随意地码放。大家要记得，即便是有柜门的柜子，里面的物品也要分类有序地摆放整齐。

哪个家庭成员主要使用，还是作为公共区域共同使用，都要清晰明确地规划好，尤其是搬家之前，要把这件事做好。如果没有提前规划，后续在家里再怎么扔东西，学收纳方法，也会有很多不尽如人意的地方。先规划，后续家人共同遵守就变得容易多了。

第二个“guī”是归类。在每个功能区里，要把放到家具、收纳箱里面的物品做好分类，尽量把同一个类别的物品放置在一起，不同类型的物品用不同的收纳格放好。比如说一个杂物架，分3层，第一层专门放干燥的清洁用品，如卫生纸、纸巾；第二层放液体洗涤用品，如洗衣液、柔顺剂；第三层放液体洗护用品，如洗发水、护发素等。固定好位置，放上物品后，可以考虑将标签贴在每一层收纳格上显眼的位置。标签是一个家庭成员之间的沟通方式，就算你不在家，家人自己找东西的时候一看标签，立马就懂了，在找东西上花的时间会被节省下来。基本上一个地方放3类物品，人的大脑是比较容易记忆的；超过3类，就容易忘记，适合制作标签做下提醒。

第三个“guī”，是归位。用完物品之后，随手放回原先的地方，是很多人忽视的问题。以前不愿意归位，可能是因为家里特别乱，你为了拿一个抽屉里的东西，得先把抽屉前面挡着的一堆书给移开，从抽屉里翻了半天才找着，光是把东西拿出来已经要花好些时间和力气，用完了之后再想放回去，可能都忘了是从哪儿拿的了，也就是压根不知道东西应该归位到哪儿去。这样会形成恶性循环，家里就会越来越乱。

如果把规划、归类都做好了，即每一个房间都分好区，每一件家具、收纳工具、物品都放在房间里固定的位置，把用完的物品放回原来的地方就不会很麻烦，收拾起来也会变得轻松。就算临时拿了几件物品用，屋子当时看起来乱了点，你也不会产生任何焦虑，因为你心里很清楚，每件物品都有自己的家，把它们收拾好只需要5—10分钟就够了。如果你已经能做到轻松把用完的东西归位，就说明你已经拥有了用完就收的能力。

第三步　升级

随着社会的发展，我们每个家庭都在经历着越来越频繁的变迁，**整理到后期，随着你个人的发展，你会选择提升生活各个围度的品质：住的房子、开的车子、穿的衣服、用的手机，身边的每一件大小物品都会随着你的发展而升级。我的整理观点是：以人为主，人变，物会跟着变。你个人变化越大，成长越快，后期在做整理时，升级的想法也会越强烈。**之前有学员反映，说学其他的课程，基本上学完就结束了，但是整理不一样，老是觉得有可以再提高的地方。她之所以有这样的感受，是因为升级这一步是和我们形影相随的。整理是伴随我们一生的事情。

03

选择最适合你家的收纳工具

我接触过很多客户，很多家庭的居住空间都存在类似的问题：空间利用率不高、物品拿取不便、缺少必要储物空间。大家普遍的解决办法是，先买回家一堆收纳盒子、袋子、整理箱再说。但是往往买了之后，反而遇到了至少3个新问题。

1.选择困难。其实我们居住的房子，本身就是个大型收纳工具，其次是家具，最后才是各种收纳小工具。每个家庭在选房、选家具时已经消耗了大量精力，以为终于可以舒服地在新家过日子了，后来才发现还得不停地选择补充项。而且收纳工具已经融入了现代生活，几乎每个家庭中都有至少两三个品牌的收纳工具，所以，大家在做选择时不仅要考虑哪些东西需要收纳，还要考虑工具的功能、尺寸、颜色、材质、价格等。

2.应用困难。虽然把收纳工具买回家了，但是很多人却根本不知道该怎么用。有些产品需要自己动手安装，可能觉得烦琐就先放到一边了，反而给生活添了麻烦。

3.质量问题。一些收纳工具质量不过硬，使用寿命短，没过多久就需要购买新工具。

但凡是工具，就没有完美一说。工具没有好与坏，只有适合与不适合。通常东西只有买了、用了之后，才能感受到好或不好。

关于选择收纳工具，我的意见是：

1.肯定不是越贵的、看起来越高级的就越好。一件东西是否高级，并不能代表生活品质的高低，它能够服务于当下的你，符合你当下持有物品的价值观，才是最重要的。

2.收纳工具需要逐渐升级，在不同阶段选择不同的款式，就像在成长过程中要不断更换更合身的衣服一样。当你的生活追求高效的时候，就选择能帮你节省宝贵时间的收纳工具；当你的生活追求丰富性的时候，就选择拥有足够空间，能容纳你的多样性物品的收纳工具。

将衣服悬挂起来绝对是保持整洁、方便拿取的最佳方式。收纳箱可以根据你家实际情况"量身订购"：先测量尺寸，再批量购买，摆放在衣柜中，这样小件的物品就能得到很好的收纳。通常在物品多的家庭中，45cm见方的收纳箱最实用。

3.功能人性化。一款好的收纳工具应该像一个好管家，当你需要的时候，它们可以随叫随到，轻松移动；其他时间则躲在幕后，甚至会让你忘记它们的存在。你可以根据不同功能区的使用需求更换不同组合模块，还可以切换到客厅、厨房、卧室、书房、卫生间来使用，作为家中分类收纳空间的补充，用于提高家居空间的整体度。

● 布艺收纳箱

4.以功能区环境为优先考虑，不同环境可以灵活配合不同材质的收纳工具。以生活中最常用到的收纳箱为例，目前市面上常见的大致可以分为布艺收纳箱和塑料收纳箱两类，下面将它们的优缺点一一列举。

布艺收纳箱的主要优点是透气性好；在不用的时候，可以折叠收纳，节省空间；外观样式选择多。这种收纳箱主要是靠布料款式提升颜值，对于喜欢在家中增加多种颜色的人来说，布艺收纳箱可以和家居风格相呼应。不过，由于布艺收纳箱并不密封，最好放到家具内，不要长期裸露在桌面上。

布艺收纳箱的缺点是在经常使用的情况下，容易变形松动；整体抗压性不如塑料收纳箱强；移动性也没有带轮子的塑料收纳箱强，在装了太重的物品后不适合搬运，尤其是搬家的时候，最好别提着箱子两边的提手就开始搬运，因为提手很容易被扯断。

目前市面上布艺收纳箱的材质主要有无纺布、竹炭纤维、牛津布等。

● 无纺布收纳箱

无纺布和牛津布的布艺收纳箱最受欢迎。相对于牛津布收纳箱而言，无纺布收纳箱的优点是性价比高、价格便宜，通常是新手购买收纳用品时的首选；而且防潮、柔韧、透气，材质可再生，比较环保。无纺布收纳箱适合放在卧室衣橱、五斗柜、床头柜里，用来收纳贴身衣物，如内衣、袜子等。

无纺布的缺点是强度、耐磨性不够，不像其他布料那样方便清洁。而且根据我的收纳整理经验，所有无纺布的服装防尘罩、内衣收纳箱、皮包收纳箱等，在使用1年之后，都毫无例外地会弯曲、破损、掉毛、发霉，无法再使用或让人再也不想使用了。

我的建议是，如果收纳箱的大小已经确定了，而且未来搬家概率比较低，不如一步到位，跳过无纺布系列收纳工具。

● 牛津布收纳箱

牛津布收纳箱的优点是，它和传统的织布方式不一样，不仅透气性好，花式也多样，比无纺布更易清洁又防水耐磨。牛津布收纳箱一般是正方形或长方形的；内部有实心钢架，确保收纳箱长期不变形；有些箱体的一面或几面还设计了透明视窗和拉链。它适合放在衣橱里、床下，收纳换季的大衣、备用床品等。因为具有良好的耐磨性，它也是搬家打包的神器。

牛津布收纳箱的缺点是，如果购买的批次不同，大小、花色不同，一次性买的数量又太多，放到一起会显得很乱。有的牛津布收纳箱没有透明视窗，完全看不到里面放了什么东西，如果不靠自己贴分类标签，写明是毛衣还是裤子，半点线索都没有。另外，从这种收纳箱里取东西，必须要把整个箱子都拿出来，拉开拉链才可以。如果你要添加放换季物品的收纳箱，这种收纳箱是可以选择的；如果是想收纳当季物品，由于拿取步骤太多，就不推荐购买了。为了视觉效果统一，最好买同样尺寸、花色的牛津布收纳箱，能买到单色的更好。

还有一种竹炭纤维收纳箱，外观、手感与无纺布类似，颜色以灰色系为主，它的优点是吸湿、透气、抗菌、环保。如果你所在的城市平时比较潮湿，可以选择这种收纳箱。它特别适合放在衣橱里，用来收纳内衣等贴身衣物，可以保证衣物有个卫生的存放环境。

三种布料相比，无纺布最便宜，牛津布更耐磨，使用时间相对更长，竹炭纤维材质透气、吸湿效果更明显。有的厂家可能会同时使用3种布料做收纳箱：收纳箱外层用牛津布，中层用竹炭纤维，内层用无纺布，兼顾了收纳箱的坚固性、透气性、环保性。你在选购的时候一定要根据使用场合选择合适的材质。

另外，几乎所有全新的收纳箱在刚拆封时都会有异味，因为布料上的涂层和印染会产生味道。所以无论商家宣称产品有多么环保，全新的收纳箱都需要放在通风的地方2—3天再用。

在颜色选择上，你以为颜色越深越好吗？其实，浅色的最好，越浅安全性越高。有些深色收纳箱可能颜值高，但有些小厂家可能会用含甲醛等有害物质的便宜染料来染色，所以颜色越深，风险越高。

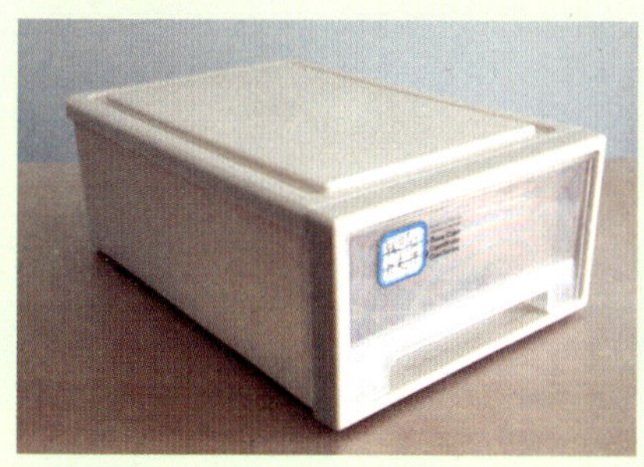

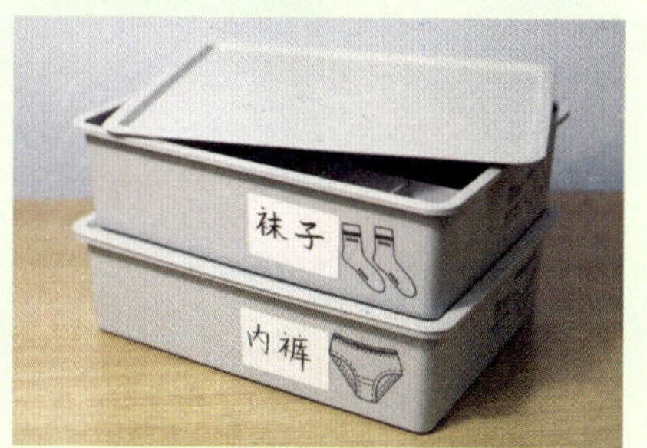

● 相对于材质，选购塑料收纳箱的时候更应该注重外观，例如有无盖子，是否带轮子和抽屉。再根据外观决定收纳什么，例如有盖子的适合收纳需要隔尘的内衣裤，有抽屉的适合放文具和容易找不到的小物件，有轮子的适合放沉一点、不容易拿取的物品。

塑料收纳箱适用范围最广，主要优点是价格便宜、结实耐用、搬运方便、不怕水、好擦洗。塑料材质可以制成透明的和彩色半透明的，里面的物品基本看一眼就知道有什么，便于查找。大多数箱体还有凹槽设计，加上材料坚硬，多个叠放起来也完全没问题，能节省出一些空间。从外观设计上看，塑料收纳箱底部一般有轮子，箱体上有凹槽或提手，更方便整体移动；有的盖子上还设计了暗扣，增强密封性。

塑料收纳箱缺点是不透气；有些塑料又硬又脆，老化后一磕碰就容易破碎；容易产生静电，吸灰尘和头发；空着不用的塑料收纳箱相对于布艺收纳箱更占空间。

目前市面上的塑料收纳箱的材质主要有PC材质、PP材质、亚克力、树脂等。

PP和PC材质是目前市面上的塑料收纳箱的原料首选，从成本上来看，PP材质便宜，PC材质贵一点。PC和PP材质在增加耐高温、防溶解的功能之后，还可以作为食品用收纳箱。但建议家里所有和嘴接触的器皿，还有承载热食物和装液体的容器都最好一步到位，只用玻璃、陶瓷或不锈钢材质的。有些家庭现在还在用塑料盆洗菜，推荐都直接升级到不锈钢材质。

PP和PC材质的塑料收纳箱主要适合放在书房收纳书籍，儿童房、客厅收纳玩具，衣橱和床下收纳衣物等。尤其是衣橱里，特别推荐选用同等宽度的、三四个一组的透明抽屉收纳箱，拿取衣物比布艺收纳箱更方便。抽屉式收纳箱叠放着用节省空间，不仅可以提高空间利用率，还能让家居井然有序。建议在家里闲置、过季物品不多的情况下，最好不要购买传统的带盖整理箱，尤其是不透明或半透明的，因为如果你把东西放进箱子，盖上盖子，再把第二只、第三只箱子往上摞着放，基本上以后再想拿第一只箱子里的东西就非常吃力，久而久之，东西就都囤积在角落里了。

最近几年，亚克力材质的收纳箱在生活中更常见了，比如化妆品收纳盒、笔筒、水族箱、婴儿保育箱等大都用亚克力制作。

它的优点是全透明，里面的物品一目了然。有些还能根据需求，互相组合拼插。缺点是价格较贵，需要到品牌店购买，不能图便宜。因为亚克力俗称有机玻璃，真正优质的亚克力材质是无毒的，不过有很多厂家为了节省成本，把废料再加工生产出劣质亚克力，这些劣质材料里面可能含有有害物质，不利于人体健康。

亚克力材质的收纳箱特别适合收纳家中小件物品，比如化妆品、文具、小工具等。使用区域没有限定，门厅柜、书桌、卫生间洗手台旁都可以。

通过以上的对比，你可以看出，工具只有最适合你的，没有适合所有人的；每种材料也都有优点和不足。对收纳工具有更多了解，可以帮助你提前做出理性判断，毕竟从众多商品中精挑细选出最适合你的才是王道。

04

整理，
每天5分钟就够了

不要小看每一个小角落，你可以从小角落开始整理。开始整理了，你的人生也就要闪闪发光了。

很多人在了解了整理的众多优点后总会问，做好整理要用多少时间？能不能来一次彻底的整理，帮助家里焕然一新，之后就一劳永逸了呢？我曾经在一些日本整理书中看到这样的观点：做一次大型整理就够了。我认为这种方法在目前中国社会不是很现实。当前社会，生活节奏快、变化快，很多成年人尤其是职场中人，频繁地换工作、搬家、换房，工作忙碌，没有那么多的时间花在整理上。以前有位老学员是个极端案例，让我一直印象深刻。她刚接触整理时热血沸腾，有一天决定必须要把家里来个翻天覆地式的整理。她用了三天三夜，大部分时间坐在客厅地板上，让父母把所有要整理的东西都堆在她旁边，方便她一件件做分类筛选。确实，在三天三夜之后，家里看起来是整洁多了，她也扔了很多东西，但是因为基本没怎么睡觉，疲惫不堪，还得了腰间盘突出，天天和单位请假跑诊所做诊疗。她最终因为连续请假时间太长，被单位辞退，丢掉了工作，实在得不偿失。

身边老学员的故事，让我意识到人得放下对一次性整理就能永不复乱的执念，**重新换个思路。通过亲身实践和众多学员的正面反馈，我总结出了“每天5分钟”这个概念，同时建议大家做到“3个降低”。**

整理可以是随时随地进行的一件事，比如坐地铁或公交的时候，不妨动手把手头的卡包整理一下。

1.降低门槛

每次整理时，不用花费太多时间，可以从每天5分钟开始。一天有1440分钟，除去睡觉的时间，还剩下大概1000分钟是我们在清醒状态下可以自由支配的，而5分钟只占其中的1/200。这段时间非常短，不会给日常生活带来额外的负担，也不会让你产生心理压力，是非常轻松就能做到的。

你不妨先暗示自己：只要点击倒计时的按钮，整理5分钟就好；5分钟之后如果还想整理就继续，如果不想，随时都能停止。这也可以帮你克服心理障碍：习惯了每天整理5分钟之后，就算再遇到其他有难度的事情，你也不会一直拖延，无法迈出前进的第一步了。

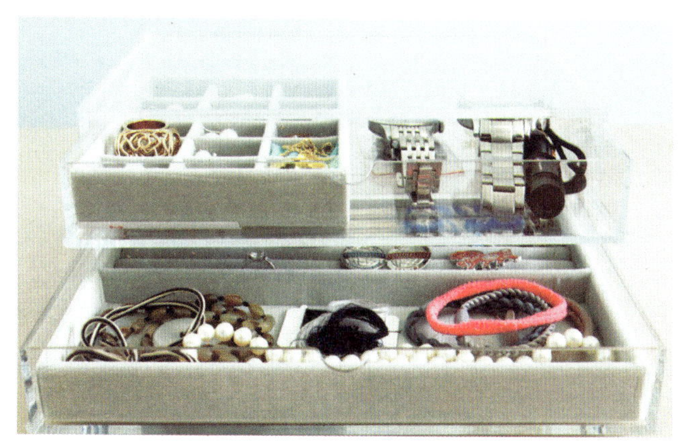

先从小件物品开始整理吧。边整理边思考这件物品是否还有用。

另外，整理之后的保持可以很简单。前期整理时只要经过规划，物品有了固定收纳位置，平时只需要做到归位和快速决定新加入的物品的收纳位置就可以了。如果某一天因为状态不好或身体不适而没有整理，也不必担心，就当给自己放个假。整理是为了让自己满意，你有随时开始和暂停的权利。

2.降低难度

整理初期，你可能会觉得到处都乱，要整理的地方太多了，不知道如何下手。建议从家里你经常停留的功能区中一个小角落开始整理。一个抽屉，一个垃圾桶，甚至是手机桌面，都可以整理。空间越小的地方，整理难度也越小，因为包含的物品种类和数量相对较少。

今天把收纳筐整理一下，明天把笔筒整理一下，后天把工作台桌面整理一下，每天只用5分钟，你会发现，你已经不再拖延，而是真正行动起来了。

● 别把整理当成一件难事，哪怕你今天只是把笔筒收拾了一下，那也是向整洁人生又迈了一步。

3.降低期待

如果希望只用几天，甚至是几个小时的时间就把多年来一直乱糟糟的房间以及长期养成的生活习惯一次性地改变，让它们变成你理想中的样子，要付出的代价可能会很大。在这段时间里不停地整理，也会给身体造成很大的压力，让人疲惫不堪，甚至伤筋动骨，以致于整理成了脑海中一段痛苦的回忆，不堪回首。

而对于整理5分钟后取得的效果，也不要过高期待，这样你反而会发现更多惊喜。通常，行动起来后，你会发现5分钟内能做的事比自己想象的多得多，这5分钟可以让你在享受过程的同时，建立自信，愉悦身心。

如果你坚持把每天整理5分钟作为习惯，将仪式感植入到生活方式中，通常坚持1年下来，你会惊喜地发现自己和身边的环境都发生了巨大的变化。

01

治好出门拖延症的门厅整理术

难度指数：★（最低难度1颗星，最高难度3颗星）

拖延症不单单是心理原因引起的，还有可能是因为你家的门厅太乱了！

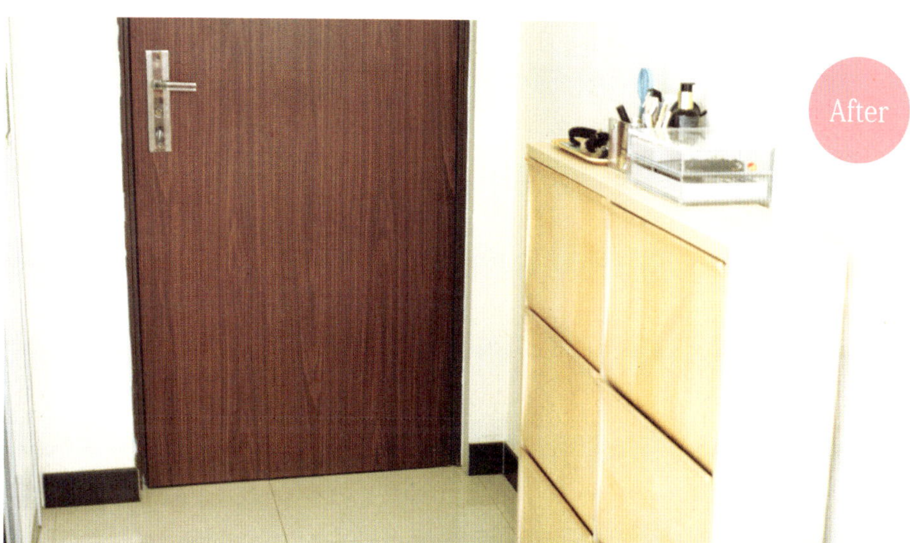

房子中有不同的功能区，每个功能区都会帮助你提升不同方面的能量。如果有客人上门，他们对你家的第一印象肯定来自门厅。门厅也叫玄关，是一个家庭的门面，可见其重要程度。

● 门厅柜可以作为爱美人士的梳妆台补充区和展示区，把自己心爱的香水、装饰品陈列在上面，每天一进门就会心情大好，每天出门时也可以随时喷香水。如果有额外空间，也可以增加小礼品区功能，出门见朋友之前，在柜子里选择一件礼物顺便带走，十分方便。

门厅整理好了，还能治疗出门拖延症。

曾经的我是一个“宅女”，不喜欢制订外出计划和出门社交，就算每次有约好的出行日程，我也总是从临出门1小时前就开始磨磨蹭蹭，不知道该穿什么，不知道出门的路线是什么……时间马上要到了，又觉得天气不好、自己穿得太邋遢、心理上没准备好、忘带了什么东西等，结果不是迟到，就是干脆编个理由就不出门了。相信不少人在点头了吧。尤其是女孩子，会觉得出门很麻烦。说到这儿，我需要补充一下。做任何事，包括整理，都需要有逻辑思维。整理的逻辑包括4步：起点、终点、路径和限制。我们未来在整理每一个功能区的时候都要学会参考这个逻辑。做任何整理之前，都需要把一个杂乱的空间作为起点，往往是因为不知道最终要整理成什么样子，才无法分解出整理的路径也就是过程，被卡在某个地方整理不下去。

从起点到终点是有不同的路线的，就像你要出门，打开手机，导航App会推荐你很多种不同的路径，当你在选择的时候，也要考虑到各种限制：可能你的车只能在五环上开，不能开到二环上；今天要加油，得路过加油站；等等。就这样一步一步地筛选下来，最后决定你今天要通过哪条路线到达终点。

同样，你在整理的时候，要先锁定你能说了算的区域和物品。你只有通过整理，让自己越来越有序，才可能影响到你身边的人，形成一个良好的循环。

现在，整理家的起点就是门厅，因为它往往东西既多又杂，收纳空间也很小。

整理门厅柜，着重把鞋子、外套、出门用的钱包、口罩等安排固定的收纳位置就可以了，这些都是和出门相关的物品。

整理好的门厅一定是物品分类摆放且有序的，随用随拿，让你在找东西的时候不用消耗不必要的精力，从而节省大量时间，5分钟内就可以带齐全部东西出门。

我在参观了很多不同的家庭之后得出一个结论：如果门厅这个位置可以打造出一个小小的衣帽间或者说门厅柜（约1.9米长、1.2米宽），就能把很多出门要带的东西放到这儿收纳，能解决很多类似“不知道往哪儿放东西”的问题，并且可以避免购买很多不必要的家具，释放家里其他房间的大量空间。比如说，如果你一进门有门厅柜可以放外套，那你就不需要再买额外的衣帽架放在家里占空间。像包、饰品、当季的鞋子、零钱、门卡、钥匙、雨伞、口罩、购物袋、行李箱等都可以放进门厅柜里，这就能让我们出门、进门都非常高效省时。

- 门厅柜适合固定收纳出门用的钥匙、钱包、挎包、名片、化妆品、小饰品，以及开快递箱用的剪子等。小件物品较多时可以使用托盘、收纳箱等。

门厅整理的步骤主要是简化规划、归类和归位。

第一步 简化

你需要先把门厅里所有的东西都拿出来，再进行筛选。因为门厅里一般都会有很多东西，一边拿一边筛选所用的时间，会远远长于把东西都拿出来后再集中筛选所用的时间。

很多家庭都会在门厅里找出一些几年内都不会再用的物品，比如一次性拖鞋，已经坏了的鞋子，买鞋时赠送的保养品、鞋垫，陈旧的装饰品，等等。各种各样的东西都可能在门厅出现。我曾经上门整理过的一个家庭，共有3口人，门口却放了35把雨伞。原来这一家人都没有带伞出门的习惯，遇见下雨就买新的回来，结果伞越来越多，全都堆在门厅的位置。

有的人在整理门厅的时候，往往有一种负罪感，觉得自己买的东西太多，鞋子是核心痛点。不过就算你的鞋子再多，也不用内疚，只要确保你选择的鞋子都是你喜欢的和适合你的，能在未来继续为你服务就可以了，不用给自己多余的压力。

最终把物品筛选好之后，把不再需要的集中在一起，决定是扔掉，还是送人。

在整理鞋柜前可以将所有的鞋全部摆在一起，方便分类。建议大家再次审视一下是否每双鞋都会穿，不喜欢的、有破损的建议在这个时候处理掉。

大多数家庭选择的鞋柜都是由多层隔板组成的，可以根据日常习惯，把鞋子按照家庭成员、不同场合以及款式来分类摆放。

图中的鞋柜还可以再优化整理。比如最下面一层可以放所有家庭成员的拖鞋，上面依次放女主人的鞋、男主人的鞋。在鞋柜中单独设立一个放包和随身物品的格子也是个好创意（如图所示），能帮你节省出门时间。建议购买可以自由调整隔板的鞋柜，这样方便后期调整，将不同高度的鞋子以最节省空间的方式摆放。

第二步 规划

要选好鞋柜或者门厅柜，思考哪类物品需要放在你家门厅。

给大家举个例子。我曾经住过一套房子，搬进去的时候发现门厅空间太小了，只有大概1.4米长，0.4米宽，我只能想各种办法把空间充分利用起来。当时我在各种家具城都没有找到合适的鞋柜，后来发现要想把门口空间都利用起来，只能靠定做。我就从购物网站找了一家店铺，花了600元钱，自己画了个简单的设计草图，把需要的鞋柜高度、宽度、深度都跟店家说清楚了。能这么做，前提是我很了解家里有多少双鞋，考虑到有单鞋，有靴子，不同鞋的高度不一样，所以在画设计图的时候做了非常明确的分区。大概一个星期之后，鞋柜做好送上门了，因为是自己设计的，所以鞋子很快就摆放好了：左边可以放10双单鞋，右边可以放20双其他的鞋，包括高跟鞋、运动鞋、靴子，用完了随手归位，特别方便。鞋柜还有一些空间，我就拿了一个鞋盒专门放鞋子的保养品，如鞋油、鞋带，把这个鞋盒摆在鞋柜里，同时还放了两三把出门要带的雨伞、手提包、帽子等常用物品。鞋柜最上方我放了一个小盘子，盘子里放了钥匙，出门的时候从盘子里拿钥匙，回来后把钥匙原封不动地放回盘子里。因为养成了这样一个小习惯，我出门时再没有找过钥匙和其他相关的东西了。

可以为宝宝单独设立一个鞋架，从小培养收纳意识，也方便孩子自己穿放。

第三步 归类

出门时需要用到的东西非常多，提前做好归类是很重要的。比如说鞋子，可以按照家庭成员的类别分成男鞋、女鞋、童鞋，按区域摆放，一目了然。如果家中当季的鞋子很多，已经占用了鞋柜大部分的空间，那么其他季节的鞋子放在哪里比较合适呢？可以放在衣柜、衣帽间里，但我不建议放在床下，因为拿取很不方便。小件物品，也可以按照钥匙、雨伞、手提袋等进行分类。分好类后，再用合适的方式进行收纳：钥匙类的可以统一放在一个小盘子里，鞋子的保养品可以统一放在一个鞋盒里，小购物袋可以折叠起来放在大购物袋里，等等。

可以按照鞋子的穿着季节或者款式分类收纳，比如色彩艳丽的高跟鞋摆放在一组鞋柜中，旅游鞋摆放在一组鞋柜中；或者把穿着频率类似的鞋子摆放在一起，更加方便拿取和归位。但如果你不是临时居住，不建议购买这种鞋柜，应尽量选择木质的。

第四步 归位

先来看看收纳鞋子和其他物品的工具吧。首先是鞋柜，鞋柜最开始是就为了放鞋子才设计的，也就是说，鞋柜本身就是一个大型收纳工具。

右图中的鞋柜是比较常见的，它属于简易鞋柜，一般用塑料和铝管制成，容易散架，只适合临时过渡使用。

也可以先用鞋盒把鞋子装起来，再放到鞋柜里。半透明的塑料鞋盒是比较常用的，但它也有一个很大的缺点，就是看不清里面放的是什么鞋子。一个比较好的解决方法就是贴标签。你可以买一些不干胶纸，用马克笔写清鞋子的颜色、材质、品牌等信息，贴在相应的鞋盒上，这样查找起来就方便多了。

半透明鞋盒上最好贴上标签，以便区分。

除了半透明塑料鞋盒，再向大家介绍一种多功能的牛津布鞋盒。这种鞋盒的面料防水透气，既可以放在鞋柜里，也可以放在行李箱里使用。出差或旅行时收纳鞋子，这种鞋盒是很好的选择：下层空间最大，可以放两双鞋子，包括高跟鞋和拖鞋；上层空间小一些，但也可以放一双平底鞋。这样，行李箱中的3双鞋加上脚上穿着的一双，足够满足出差或旅行的需要了。

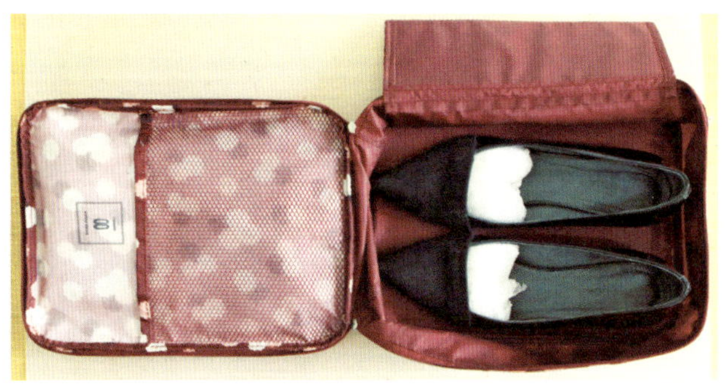

牛津布鞋盒

鞋柜还有另外一种用途——变成综合性功能区。2016年下半年，我又搬新家了，门厅里有很正规的门厅柜，简直就是小型穿衣间；而房东在门厅里又多留了一个鞋柜。因为没那么多鞋可以放，我就把鞋柜当成了一个出门要用的物品的综合性功能区（参考右图标注的位置）。鞋柜上方左侧放着一个钥匙盘和一两支防晒霜，出门的时候刚好提醒自己带钥匙、涂防晒霜。钥匙盘右边放了一沓购物清单、一支笔，是为了提醒自己最近有需要去超市采购的话，可以把要买哪些东西提前做一下规划。我还会放几张储值卡，提醒自己把这些卡赶紧用掉。当然还有口罩区域。鞋柜里的每一层都用来收纳背包：第一层放最常用的电脑包，一红一黑；第二层放出门锻炼身体时用的健身包和偶尔会用到的包。就这样，一个鞋柜就变成了一个综合性功能区。

出门会用的常用背包、擦鞋的各类工具可以集中收纳到鞋柜中的独立综合功能区，如图所示。

门厅还有什么用途呢？它可以是一道无形的提醒机制，**提醒你哪些事情是需要推进的：**你家电饭锅需要修理了，那就放在门口；快递需要寄了，就把邮寄物品放在门口；衣服需要拿出去干洗了，就把衣服用防尘罩套好放在门口，出门时一起带出去。**你每天出门的时候必然会清楚还有哪些待办的事情，这会为你带来数不清的便利。**

补充一下，记得大门也是门厅的一部分，把用不到的杂物都从门背后撤下来吧。门口的地垫如果长时间没有更换，已经到了破旧的程度了，记得换一款新的。另外也要记得为你家的大门做下清洁，清理掉上面的小广告。

如何整理鞋柜？

如果客厅太乱，就完全没有办法放心让客人来家里做客。就算不是为了给客人留下好印象，至少我们自己在客厅活动的时候也要舒适。所以说客厅是我们在整理门厅之后要展开行动的地方。

02

随时有人来
也不慌张的客厅整理术

难度指数：★★（最低难度1颗星，最高难度3颗星）

客厅是亲朋好友相聚时停留最久的地方。这个地方空间相对比较大，有的家庭是在一个整体大厅里区分出客厅和餐厅，有的是客厅和餐厅合在一起，所以这个位置的整理难度属于中等。

什么样的客厅需要整理呢？很简单，就是东西太多、太杂乱，没什么留白，被当成堆积杂物的地方了。

整理客厅，重点是留出足够敞亮的空间留白，家具、日常用品和装饰品都摆放有序，随用随拿。客厅特别适合摆放一些鲜花、绿植和装饰画。

具体怎么一步步整理呢？客厅整理的路径以简化、规划、归类、归位这4步为主。

第一步　简化

很多家庭的客厅都堆积了大大小小的物品，其中有很多一两年内都不太可能会用到，这类物品在整理时可以淘汰出去。你在这个过程中需要做出决定：到底是扔掉还是送人。

第二步　规划

重新从设计师的角度审视下你家客厅，还有没有升级改造的可能性呢？其实有些家具稍微挪动下位置，就可以让家里的动线更简单合理，更方便在房间里活动。所谓的动线，就是人在家里穿行的路线。动线越精简、通畅，交叉越少，居家生活效率也就越高。

第三步　归类

把你准备留下来用的物品进行分类。客厅主要会用到电器类（电视、空调）、家具类（沙发、茶几）、生活用品类（茶壶、茶杯、零食、挂表）、装饰品类（鲜花、花瓶、植物）等类型的物品。客厅留下来的物品，最好是你每天、每个星期都至少会用一次的，同一类型的最好只留一件。

很多家庭没有定好规则，造成同一类型的物品在家里到处“旅行”，比如书比较多的家庭，书可能会出现在客厅沙发的扶手上，出现在卫生间，出现在餐厅的桌子上，出现在书房，出现在床头柜上，等等。我们要从现在开始，把物品“合并同类项”，把同一类物品收纳在家庭中固定的功能区里。

第四步　归位

客厅的东西用完后，最好在24小时内归位。

来看几个实际案例吧。图中这个整理之后的茶几抽屉里也做到了有20%以上的留白，分成了左边茶叶区域、小杂物区域，中间遥控器区域，右边备用杯子区域。值得注意的是，如果你家的茶几是透明玻璃的，就更需要整理，因为透明玻璃会让茶几上下乱糟糟的东西一览无余。

● 茶几上的各类物品也最好分区收纳，比如分出茶叶区、遥控器区、杯子区、小件物品区等，做到“所到之处皆有序”。

在白色家具里摆放物品要尽量减少数量，视觉效果更美观。

家庭成员多、物品多的家庭，可以选择一组多功能电视柜，用来收纳电视、音响、书籍、装饰品等各类物品。

通常收纳的物品如果类型比较统一，比如书籍，可以选择透明玻璃柜门；如果收纳的物品比较零散、种类过多，建议选择半透明柜门、木质柜门，或者把同色同质的收纳箱嵌入电视柜储物格，这样整体看上去会很舒适。比如米色的电视柜统一配白色竹质收纳箱就很合适；如果配绿色塑料收纳箱和米色藤条收纳箱的组合，就会让人产生凌乱感。每个收纳箱里也应该只放同类物品，如果物品过多，还可以用小收纳盒对物品进一步细分。

多宝阁在家中也很常见。在绝大多数家庭中，多宝阁里放的东西绝不仅仅是一个家庭成员的，一定属于两个甚至更多家庭成员。这时候，大家一定要协商好：你的东西就放这

几个格子可不可以？你的东西未来会不会增多？我应该预留哪几个格子放你的东西？需要提前做好沟通。

多宝阁是用来展示精品的功能区，收纳原则是：摆放的物品要少而精，最好以装饰物为主，同一层内的物品材质、种类、高度要尽量统一。比如说可以一层放红酒，一层放白酒，一层放收藏的杯子等。

而且哪怕每一个收纳格内只摆放一件物品，也不要紧。这样虽然有些浪费空间，但空间感增加了，多宝阁的美感也增强了，比把一个格子塞满要美观和恰当得多。

如果你家有红酒柜需要整理，可以选择先把柜子里所有东西都拿出来，再进行分拣，你会发现其中可能隐藏着不少垃圾。整理完之后你会发现，东西放得越少，红酒柜越能产生一种精美橱窗的效果。如果把各种东西都任性地塞进柜子里，美感自然会丧失。**每一个美丽的角落，都需要足够的留白做烘托。**

多宝阁内每一层收纳的物品要少而精，以收藏品、装饰品为主。肩膀以上位置可以收纳不常用的物品，眼睛到腰部之间的位置可以收纳一些常用的。

如何整理茶几？

Before
After

03

一起来
拯救厨房

难度指数：★★★（最低难度1颗星，最高难度3颗星）

厨房是为我们自己、为家人带来美味食物和幸福回忆的地方，在整理难度上是最高的，3颗星。之所以难度大，是因为厨房是家庭里存放物品种类和数量最多、最杂的地方。从家庭整体面积比例来看，厨房通常不会占太大的空间，在有限的空间里面，每家的厨房都塞满了厨具、食物、餐具等各种各样的东西，除了完成整理收纳之外，还要和大量日常的清洁工作打交道。

- 图中的橱柜组合充分利用了空间，各类厨具也利用墙面层架和吸盘挂钩完成了墙面收纳。建议电暖壶不用的时候拔掉电源。

需要整理的厨房，往往是杂乱无章的，像刚打完仗一样，到处塞得满满当当，堆满了大大小小有用的、没用的食物、调料和工具，基本上要用“脏乱差”三个字来形容了。厨房里“破窗效应”往往特别明显：因为懒得洗一个碗，几天时间就堆积了一堆碗，越来越不想收拾，最后到处都囤积着未清洗的物品。

● 要想充分利用厨房柜橱，需要规划好每一个柜子的用途，建议大家贴上标签方便区分，如奶粉区、保健品区等。

● 将各类食材用统一材质、款式、大小的收纳罐摆放。尤其推荐透明玻璃的收纳器皿，里面的食材一目了然，既美观又方便拿取。

整理到极致的厨房会是一个处理食材的工作室。最好做到用前用后一个样，如果能像样板间一样有宽敞的空间感就更好了。厨房表面东西最好不外露，就是不陈列在台面上；要用什么食材的时候能从橱柜里第一时间取出来；在料理台上随时能做饭；水槽里不仅是空的，而且干干净净，过滤网里没有食物残渣；灶台周边没有油渍和做饭的痕迹。经过系统整理之后的厨房，空间感增强了，台面会显得比以前更大，清洁起来也更轻松，这样的效果会让你爱上厨房、爱上做饭，做饭的水平也能更上一层楼。家里一日三餐的水准提高了，你的伴侣自然会更爱你，家庭关系也会更和谐。

从一间混乱的厨房，到一间整洁有序、有爱的厨房，具体该怎么一步步推进呢？路径是简化、规划、归类、归位、升级，共5步。

第一步 简化

厨房通常是过期物品的重灾区。如果你这两天探亲、旅行刚回到家，可以马上检查一下冰箱、橱柜，如果看到有过期、变质的要赶紧丢掉。很多人都没有定期在厨房里做检查的习惯，也不会有意识地清理掉那些老化的、不适合继续用的厨具，觉得扔掉很浪费，说不定还会用到，就一直留着，但其实再也没用过。

厨房也是重复物品的重灾区。你可以先从厨房里使用率比较高的料理区和灶台区开始行动，这几个地方是每天都会用到的。你也可以先锁定一个抽屉，把里面的东西全都拿出来，肯定能发现好些重复购买、已经被你忘到脑后的东西。

厨房下方柜橱空间大，适合放沉重的碗、锅具和小电器等物品。

1.锅具

一般单身或两口之家，电饭锅、炒锅、大小汤锅各1个就足够日常使用了。锅的数量最好不要超过8个，否则不仅浪费，而且没有足够的空间放置它们。

2.餐具

如果以极简标准来给一个两口之家买碗碟的话，需要买多少个呢？建议2个饭碗、2个小汤碗、1个大汤碗、1个大沙拉碗、1个水果盘、2个盘子、2个蘸料碟子，也就是11个碗盘就足够了。

碗盘餐具以物品精简为最佳选择。另外，由于一摞摞拿取时比较重，平时最好放在厨房的橱柜里。北方城市建议下方橱柜做成抽屉式；南方城市比如深圳过于潮湿，容易在抽屉内侧轨道里滋生蟑螂，不建议把橱柜做成抽屉式。

3.刀具

我家目前有3把刀，分别用来切水果、切菜和切肉，已经够用了。可能你家厨房里的剪子也比较多，通常一两把就够了，要求高一些的可能需要两三把，再多就只会变成闲置物品了。

可能你特别喜欢在厨房里塞几本菜谱，其实如果你认识厨师朋友，和他们学做菜的速度反而比自己对着菜谱琢磨要快得多，所以不如少买书，多和朋友当面请教。

● 考虑到安全性和方便拿取，刀具可以挂在厨房墙面上，也适合收纳到拉篮中。

在厨房角落的一些不引人注意的地方，可能塞满了塑料袋之类的杂物，相信你在整理过程中很容易把自己吓到，想不到厨房里竟然有这么多稀奇古怪的东西。

第二步 规划

你需要为厨房设定整体卫生标准和收纳留白标准，每个功能区都应该遵循统一的标准。

1.格局

到底哪种厨房最好呢？其实没有最好，只有最适合。厨房格局简单来说分成一字型、L型、两列型、U型。基本上厨房的“黄金三角区”——灶台、料理台、水槽都完善的话，就已经构成厨房的核心了。一般家庭的厨房都是一字型的，这种厨房一个人做饭更方便，两个人一起用会比较拥挤。未来如果有机会换房，可以考虑找两列型或者U型的厨房，因为厨房空间大了，灶台和水槽是分开的，非常适合多人一起做饭，能高效地利用空间且互不干扰。还有一种四方形的开放式厨房，四边没有靠墙摆设，最适合房子空间大，经常有朋友来聚餐的家庭。

2.动线

动线越简单利索越好，从一个常用位置到另外一个常用位置距离越短就越方便，空间

● 一人做饭时，设计成料理台、灶台、水槽的顺序，三者之间各隔1步的距离是比较合理的。如果两人一起做饭，可以设计成灶台、水槽、料理台的顺序，比如一人负责炒菜，一人负责洗菜、切菜，但两人都可以随时到水槽接水，这是最合理的，可以同时行动而不产生矛盾。

利用率也越高。

你可以先完整地想一遍自己买菜回家、放下菜篮子、把菜放进冰箱、洗菜、切菜、炒菜的所有过程。这个过程是决定你空间配置的关键。物品在厨房摆放的原则是：放在离使用位置最近的地方。如果你能让一个平时没用过你厨房的人，也能第一时间一目了然地知道各种东西放在哪儿，那就是合理的安排。虽然说宽敞的厨房人人都喜欢，但如果灶台和水槽距离太远，也不是好事，它们之间最好不要超过两步的距离。考虑到油烟很容易沾到墙壁上，灶台最好离墙壁有一些距离，可以装上容易擦洗的挡板或者贴上防油贴纸。

3.设计风格

厨房要怎么设计最合适呢？参考色彩心理学，厨房最好以暖色系为主色，比如米色、橙色、红色，现在很多冰箱、保鲜盒的盖子都设计成红色的了，也是利用了人的心理，让人容易从一堆颜色中第一时间看到。如果用紫色等冷色，会让人没有什么食欲。如果你家刚好是个暗厨，记得要选光线亮一些的灯泡，厨房里太昏暗，人是不愿意去做饭的。

● 如图所示，最省地儿又方便所有家庭操作的方式是将微波炉、烤箱等厨房必备电器摞起来摆放，但是需要看你家的电器的体积，不可勉强。

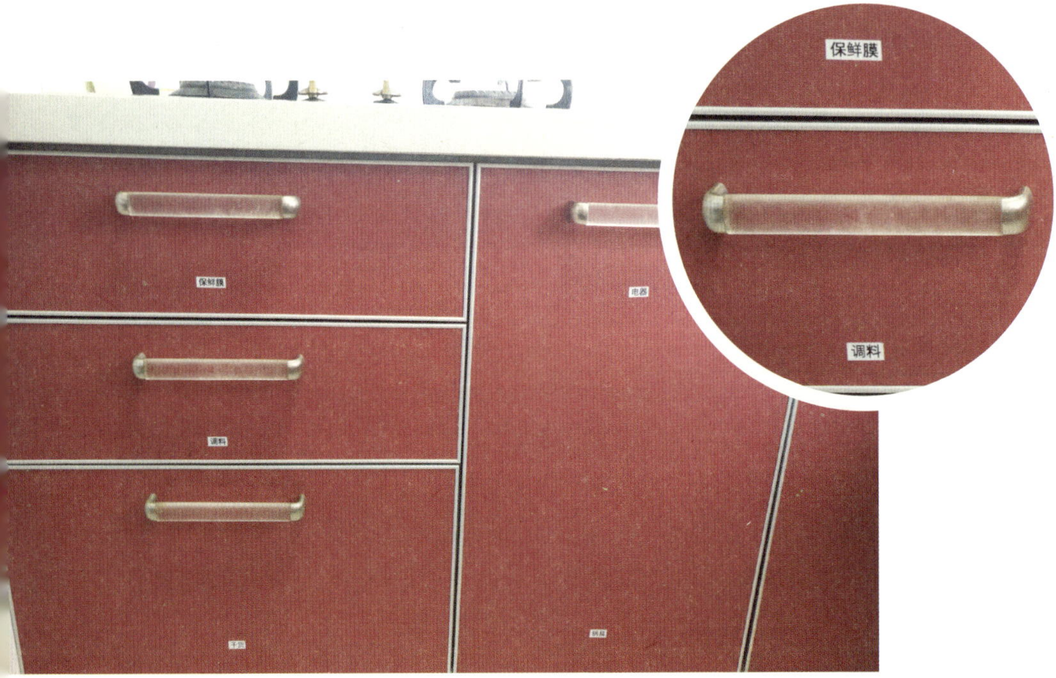

● 如图所示，下方柜橱根据料理台、灶台、水槽的位置，就近收纳食材、电器、碗具等物品，方便拿取。佐料等可以放在上方的柜橱中。

4.收纳

现在厨房大多选用整体橱柜，上方的柜子可以收纳不太常用而且比较轻便的备用品。灶台下面的橱柜或者抽屉里，除了可以放碗和盘子，还可以放锅。一到灶台前要做饭了，就可以顺手把锅拿出来；菜炒好了，就可以顺手把盘子拿出来盛菜，都是一气呵成的。水槽下面的拉门柜里可以放过滤水罐、与清洁相关的和卫生要求不太高的东西。每次洗碗之后如果想让餐具快速干燥的话，可以放个滤水碗架，或者在厨房里添置一台洗碗机。

如果你的厨房空间实在有限的话，可以在各类门的背后适当做一些挂钩。

垃圾桶可以买小号的，桶容量小的话，你就不得不一天一处理；如果买的是大桶，会让你有偷懒的机会。厨房垃圾需要一天一处理，时间长了，垃圾桶里会藏污纳垢。

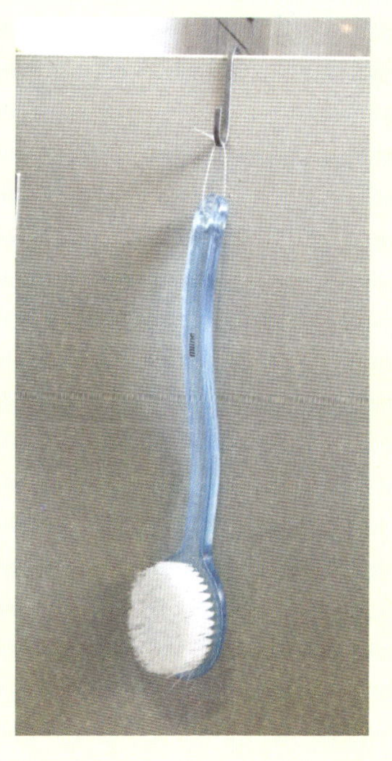

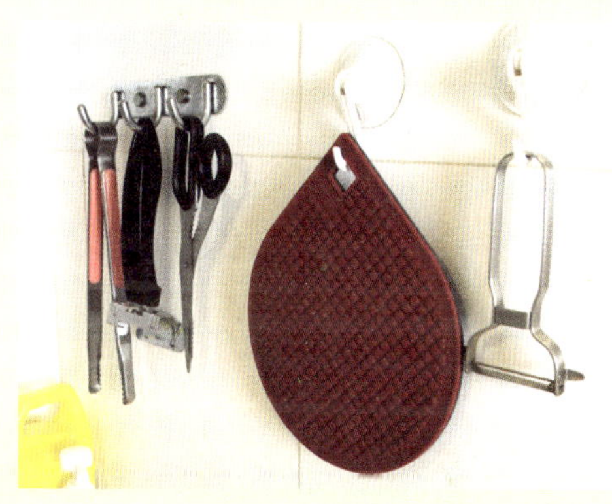

● 将料理工具通过挂钩挂在墙面上收纳是很好的方法，但一定要只挂使用频率高、每次做饭都需要的物品，切勿不管用不用都挂在墙上。

● 根据不同的柜门后方状态，选择不同的挂钩来收纳可以悬挂起来的用品，要记住的是，整个柜橱内物品也要遵循“合并同类项”原则。

料理工具，像炒勺、汤勺、漏勺这种特别常用的，可挂在墙面挂钩上，在墙上收纳主要是为了高效利用墙壁上的空间。常用的围裙，可以挂在墙上；还有抹布，可以挂在水槽附近的墙面上。刀具挂在墙上或者插在刀座上都可以。很多家庭都会有3—5个菜板，多的还有六七个的，可以适当淘汰，把留下的每一个都立起来收纳，利用立体的空间。

如图所示，如果你家的厨房比较小，可以买一个多层收纳架，在灶台旁边摆放，方便收纳和拿取物品。

常用的调料放在灶台附近触手可及的地方。油盐酱醋混在一起肯定比较乱，可以分成干料和湿料，分类摆放。你需要根据你们家厨房空间的格局，给常用调料找到合适的收纳工具。料理台旁边通常可以放上3个小罐，用来装糖、盐和鸡精；在抽屉或者柜子里放酱油、醋、料酒、油瓶等。如果厨房灶台比较小的话，推荐买个2—3层的调料架，把立体空间利用起来，重一些的油瓶、醋瓶往下放，小罐的盐、糖往上放。

食材方面，很多家庭买得多，扔得更多，买的时候为了节省时间，批量采购，塞满了厨房和冰箱，到时候过期吃不完还是会扔掉。要知道，金钱是用时间换来的，扔掉的表面上是金钱，其实是你的生命、你的青春，购物的时候不如理性一点。建议在厨房或者门厅固定位置放上一沓购物清单和一支笔，出门采购前列个清单，从市场上买最新鲜的食材，尤其是生鲜类的最好现买现做。

环保袋、塑料袋，也应该在家里有固定的收纳位置。以前我想当然地以为买菜用的袋子应该放厨房，一段时间后总觉得为了拿几个袋子还得跑厨房很折腾，最后还是把袋子大袋套小袋，固定放到门厅柜里，出门前5秒钟就能拿到手，最方便了。

第三步 归类

厨房大方向规划完成之后，就要开始考虑细节安排了。

首先，橱柜里、抽屉里都要有20%的留白。

橱柜里推荐使用同材质、形状统一的收纳盒，最好是方形的，空间利用率最高。圆的也可以，看上去更可爱。最好高矮统一。如果你的橱柜收纳格在比较高的位置，那就选带手柄的收纳盒，这样只用一只手就能取出来。收纳盒在橱柜里也按照从左到右、左低右高的方式排列，或者按一高一矮的波浪式排列。

不要觉得关上橱柜之后，看不到里面就能随意往里面塞物品。因为厨房橱柜是最容易堆积物品，导致过期的地方之一，所以不仅要定期清理，还需要保持留白。

食材要用专门的食品级密封袋收纳，以免滋生细菌。

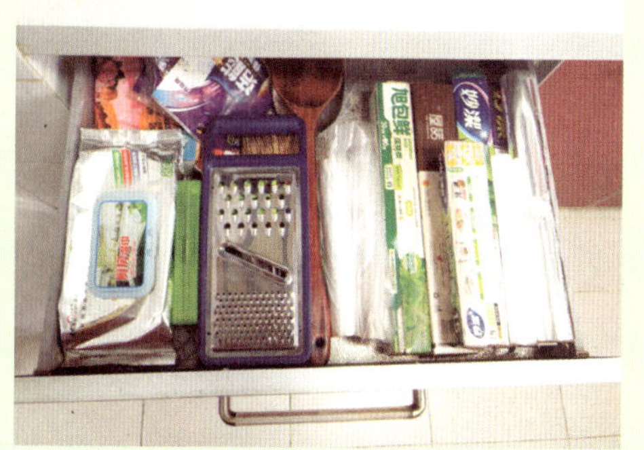

每个抽屉的功能尽量唯一，不要把食材、工具等全部堆放在一起。

抽屉里可以用一些收纳分隔工具做出隔断，这样放筷子、刀叉都分门别类。这种收纳分隔工具通常在宜家、无印良品都可以买到。尽量让所有抽屉里的物品都站立起来或者平铺，物品之间不重叠。

处理生鲜的工具和处理熟食的工具要区分好。比如切生肉的刀和切熟食、蔬菜、水果的刀，要区分好，别用混了；有的家里一块案板两面用的，可以在一侧做个标记。

● 不锈钢材质是收纳料理工具的首选，因为它不会生锈。处理生鲜和熟食的刀具也可以分开收纳。

日常碗盘和锅由于有一定重量，建议分层放到厨房整体橱柜的下方橱柜里，一层碗盘，一层锅具。考虑到取用轻松、省时，建议把下方橱柜做成抽屉式的。但如果你所在城市比较潮热，柜内容易滋生蟑螂等，还是应该以拉门橱柜为主。

● 下方的橱柜也建议选用不锈钢材质来收纳经常沾水的碗碟，不易生锈还方便沥水。

有人问锅盖怎么收纳，通常购物网站上就能找到锅盖专用收纳工具，不过我也看到有个学员特别有创意，他用了个办公室里常见的3层文件架，把平底锅和锅盖都竖起来放，也挺实用的。特别沉重的锅，别叠着放，因为要用的时候不好拿。

一些使用频率不高、形状不规则、不适合放在台面上的备用工具，可以选择在橱柜门内侧钉一排挂钩，把它们挂在橱柜内侧。

所有开封的食物，最好尽快吃完，别一直留着。开过封的食物，就算你用夹子夹上了，之后也会越来越不想吃，如果在袋子上标注是哪天开的封，过段时间你可能会吃惊地发现，它居然被自己放了3个月还没动过呢。

市面上常见的塑料办公文件架可以用来摆放锅具。相比橱柜表面，放橱柜内可以避免落灰、沾油污。这种方法建议在北方地区使用，南方地区塑料文件架容易发霉。

如图所示，所有的调料要统一放置，用玻璃瓶装的大料、花椒等可以贴上标签，方便拿取。

● 冰箱里的全部食品都按照分类统一收纳整理，这样冰箱一眼看上去不仅整齐划一，还容易区分食材。

冰箱需要按照不同区域摆放食物，比如一层蔬菜、一层水果、一层牛奶，不要混搭。

冰箱可以用模块化分区的方式，分成调料区、零食区、熟食区、蔬果保鲜区、饮料区、冷冻区；有的人还把护肤品放冰箱，这就又多了个区域。大一点的冰箱一打开，可以按照九宫格的思路划分收纳位置，小一点的冰箱可以按照四宫格。每一个格子里固定好放什么，以后用完补充食材的时候不需要动脑子，就能直接把食材放在冰箱里收纳好。冰箱里只留最近一两周会吃的食物，别过分囤货。而且冰箱里尽量不要用塑料袋，因为放在塑料袋里的蔬菜、水果，都很容易被捂烂。

第四步　归位

这就很简单了，像之前提到的，出门采购回来，东西归入冰箱和橱柜，塑料袋归位到门厅。

厨房灶台、料理台、水槽用完了要顺手就清洁干净，把每一种厨具、调料、食材归位。用完调料瓶后要把盖子拧紧。说到盖子，很多人生活习惯不一样，比如说夫妻中一个人用完东西后觉得无所谓盖不盖，盖子永远敞开着；而另一个人习惯用完把盖子拧紧。通常习惯拧盖子的人就会看另外一个人

要想厨房中保持整洁，不要在台面散放过多物品，用完需要及时归位。使用频次低于每周一次的，尽量在橱柜中收纳好，不随意散落在外。

不顺眼，时间长了，鸡毛蒜皮的小事也会导致吵架。其实根源就在于每个人生活习惯有差异，需要在生活在一起的初期把各种规则定好，大家互相尊重，遵守一起定的家规。

第五步 升级

首先，是你的食材选择。“You are what you eat（你吃的东西形成了你）”，所以一

定要买你喜欢吃的、对你身体有好处的食物。以前我特别抠门，买东西、点菜都是先看价格，比了半天选那最便宜的，明明想当一个每天有芒果吃的人，结果只舍得给自己买小半果回家，真的是只买了一个，放家里一个星期没吃都烂了，反而浪费了钱。其实今天的垃圾，全都是昨天用钱买回来的。推荐一本书《半年前的食物，塑造了今天的你》，有兴趣的可以找来读一读。

其次，经常和你的嘴接触的餐具、杯子等，最好买你经济承受范围之内最好的。好的餐具、杯子能陪伴你10年、20年甚至更久。不过，厨房里的食材或者工具并不是越昂贵或者品牌越大越好，一个用钱堆砌起来但是没有使用过的厨房说不上有价值，厨房是靠着把料理做好为最终目的而存在的。

如果你家还有一次性纸杯、纸盘，方便筷子，各种塑料刀叉勺，赠品马克杯，最好淘汰掉，把它们都升级换代了吧。厨房和吃有关，吃是为了给你提供能量，所以加工食物的工具，仅次于你用的杯子、碗，也要在可接受范围内进行升级。

调料瓶这种装日常调料的容器尽量不用塑料的，切菜案板木质的肯定比塑料的更卫生。你家的食材可能会被放到不同时期购买的不同颜色、形状、大小的盒子里。这些盒子里可能就会有出去吃饭打包带回来的一次性饭盒，质量看起来还行，又是透明的，能一眼看见盒子里放了什么。实际上为了长期使用和美观，最好统一购买同样颜色、质地、款式的收纳器皿。这样打开橱柜的时候看起来会很规整。

● 洗手池下方的橱柜由于空间大，特别适合放置油、厨房纸巾、大桶的洗洁精等物品。但米还是建议大家放在米箱中并置于通风效果最好的阳台上。如果你家厨房是封闭式的暗厨，可以取出适量的米面用密封罐装好放在厨房里备用。

可能你家厨房一角还放了杂物货架，用来放置大米、蔬菜、水果这些食材。如果你还在用塑料袋、纸箱，甚至是泡沫塑料箱当收纳工具，最好淘汰掉，换成统一规格、颜色的收纳箱，大米也有专用米箱。升级了工具之后，看起来就会变得齐整，和以前不一样了。介绍一个小技巧：可以在米箱里面放一点干辣椒、花椒，这样可以使大米不易长虫。

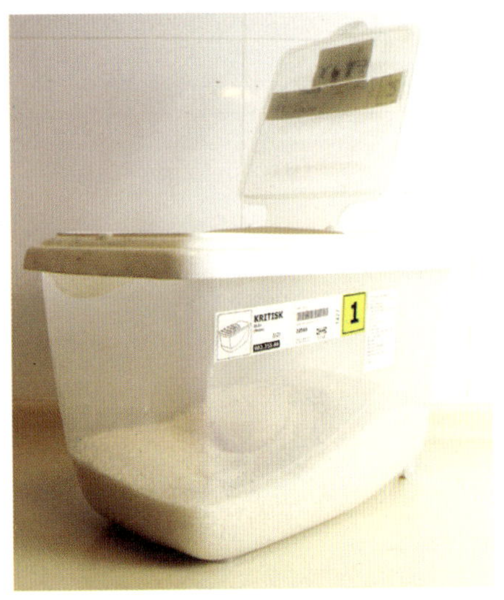

● 市面上最常见的米箱

● 厨房中可以用密封罐放适量的食材，方便拿取。注意罐子超过5个，最好贴标签，尤其很多杂粮看起来比较像，种类过多很容易分辨不清楚，浪费寻找的时间。

● 尽量采用统一材质的容器收纳，也可以根据不同的食材用不同的容器收纳，如冰糖、食盐等适合用玻璃罐存储。

家里五谷杂粮特别多的，可以用合适的容器装起来。升级容器在我家经历了3个阶段：第一阶段，我买了好多种杂粮，用塑料袋装着提回家，没想太多，回家就放进橱柜里，偶尔吃一些，最多拿燕尾夹封个口。因为看见它们的机会不多，平时很少想起来吃，结果一个夏天过去，全都长了虫子，只能扔掉了。第二阶段，把每一种杂粮分别用一个饮料瓶装起来，好处是可以防尘密封，用的时候拧开瓶盖就能倒出来用，像大雪碧、大可乐瓶子那时候都被留起来当成收纳瓶。这个工具的问题是如果你不把上面的包装撕下来，就很容易被洗脑，明明不喝碳酸饮料的人，不知道什么时候就突然买了可乐回来喝。到了第三阶段，我终于买了一组一模一样的透明玻璃密封罐统一对五谷杂粮做收纳了。

厨房整理的限制嘛，主要是尊重家庭其他成员的感受。你不喜欢吃但别人喜欢吃的东西，不能在整理的时候偷偷给扔了。你要是和父母住在一起，就必须得尊重父母的生活习惯，所以你觉得没用的东西哪怕只是个塑料袋，想要处理掉也得先问问父母的意见。整理是好事，但不要因为整理而意见不合，产生家庭矛盾。

如何整理厨房？

越是小空间，越需要集结收纳整理的智慧；越容易脏的地方，越需要明亮。

04

打造
健康明亮的卫生间

难度指数：★（最低难度1颗星，最高难度3颗星）

卫生间可以说是家里最窄小的地方，能够做收纳的空间很有限，但需要收纳到里面的物品还是不少的。**越是小空间，越需要集结收纳整理的智慧；越容易脏的地方，越需要明亮。**卫生间整理难度为1颗星，相对比较简单，重点是要保持干净整洁。

需要整理的卫生间通常昏暗阴冷、不干净、有异味，让人不愿意在里面洗漱和方便。

整理好的卫生间，会变得卫生、清爽，还很温馨，需要的东西可以随时拿取。舒适的卫生间，让人会愿意在里面多待一会儿。环境舒适了，还能让你变得爱干净。我记得之前在王潇（潇洒姐）的博客上读过一篇文章，讲她在思考创业项目要怎么推进时，有时候思路卡壳了，就会冲个澡，她很多创意想法，都是在洗澡间里诞生的。当然，你的卫生间如果足够舒服，每天定点在这里思考人生也不错呀。

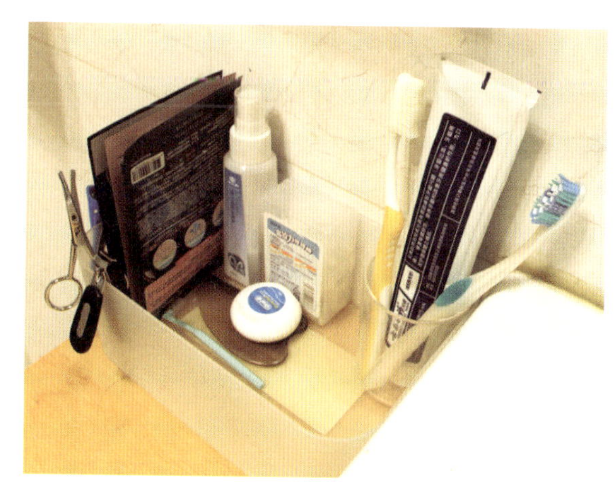

● 可以用最短的时间找到需要用的物品是卫生间整理最先要取得的效果。

从让人看一眼就皱眉头的卫生间，到一个让人心情愉悦的场所，路径还是简化、规划、归类、归位这4步。其中最重要的是规划环节。

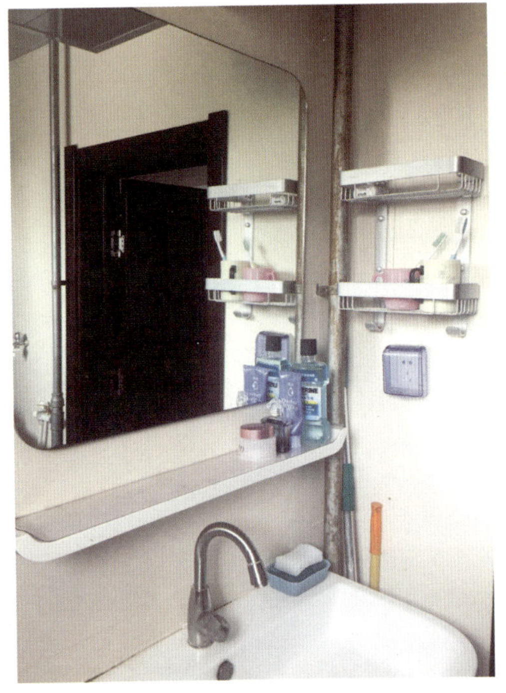

大多数家庭的淋浴间里和洗手池附近的置物架都被女主人的物品堆满了，各类产品还功能不一。不妨充分利用墙壁、抽屉和镜柜的空间，不把物品都堆积在外，防止出现发霉等情况。

第一步 简化

卫生间里经常能发现已经过期、变质、长了霉斑的卫生用品。这些就淘汰掉吧。不过分享几条小技巧：如果面霜你不喜欢了，可以用来擦身体；如果膏状的面膜已经不想用了，可以敷在手上、身上，这样往往很快就用掉了；用了3个月的牙刷可以用来清洁浴室的犄角旮旯，有的时候浴室的排水口缠了头发，或者洗脸池堵塞了，都可以用牙刷来帮忙清洁，洗衣间、厨房的下水道也能用牙刷清洁，一支牙刷往往就能起到很大作用。如果你家的旧牙刷比较多，还可以用橡皮筋把两三把牙刷捆到一起，当成多头刷子用。

在卫生间墙壁上添加收纳柜可以增加有效收纳空间。

第二步 规划

一套房子里的卫生间，其实很多格局在房子建好的时候就已经确定了。如果你家房子是100平方米，卫生间占5%—8%就够了。如果你家有两个卫生间，可以把其中一个改成衣帽间或者储物间。

卫生间在装修时，要确保颜色明

颜色明亮的浴帘可以让卫生间看起来更明亮，同时增加层次感，让卫生间看起来更大了。

快、温暖。卫生间最好是明卫，也就是在卫生间墙面一侧有外窗，能更好地保持空气流通。如果买房的时候就是暗卫，那就一定要安装换气扇。如果旁边是阳台的话，可以考虑在卫生间墙上开个小窗，安一扇毛玻璃，让光线尽量透进来一些。

要想让卫生间干湿分离，其实特别简单，你需要做的只是购买一根不锈钢伸缩杆、一套浴帘、一套浴帘挂钩。这些小件基本都可以在宜家搞定，可以让浴室焕然一新。

● 很多家庭卫生间收纳位置特别少，可以购买防水置物架，把马桶和洗衣机上方的位置利用起来。

如果卫生间空间太小，建议在马桶上方安一套置物架，可以放卫生纸、毛巾、洗护用品等。不过但凡你头上面有东西，多少还是会觉得有点压抑。总之，需要根据具体情况具体分析。马桶上的置物架，我推荐宜家款的，大概300元一套，小巧实用，完全足够了。

想让卫生间看上去更大，可以装大镜子，这样装饰和功能性都有了，两全其美。

如果你在卫生间放的护肤品和洗涤用品特别多，那你们家洗手台最好使用镜柜，到时候拿取都特别方便。好多家庭的洗手台只有一个洗手池，只能放一个漱口杯子，下方直接安了根下水管道，很多东西都没有地方收纳。所以最好升级换成洗手台橱柜，双开门款

为了在保持卫生的同时增加收纳空间，建议先将物品收纳到小篮筐中，再放入洗手台下方的柜门中。

由于镜柜有隔尘防潮的功能，所以最适合女性朋友放置化妆品。

式，里面有个一两层隔断。带抽屉的洗手台橱柜，大多数抽屉设计得特别窄小，很不实用，随便放点东西就塞满了。所以，在装修选家具、建材的时候，一定要想清楚自己的需求后再下单。如果你觉得现在的洗手台橱柜不太好用，可以想想，能不能通过改变隔板的高低位置，或者撤掉几个能活动的板子的方法，解决你现在的物品收纳问题。

一个完美的镜柜不仅需要整洁，所有的物品还要按照功能分类码放，方便拿取。如果你家的镜柜空间有限，可以参照右图，在柜门后面增加隐藏空间。

洗手台下方的柜子最适合放置清洁物品，也可以根据你家卫生间的布局放置一些备用物品，比如说卫生巾或面膜。

第三步　归类

总而言之，卫生间里面的各种物品，能藏就藏，藏不了就挂，挂不了也要想办法挂。之前说的洗手台上方的镜柜，最好放你最常用的护肤品、香水等，在这里依然可以使用我们之前提到的小技巧：把东西按照从左到右、左低右高的方式排列起来，看上去有种走上

毛巾架根据各层来分类好浴巾、擦脸巾、搓澡巾、干发帽等。

在准备往墙壁上打孔前，看看你家洗手台橱柜下面是不是可以用来放各类小毛巾、抹布或擦脚布。

坡路的寓意，看了这样的曲线，人的心情也会受到积极的影响。洗手台下方的柜子，可以放备用护肤品、清洁用品。

你的毛巾架至少是有层次，能分类收纳毛巾的。比如说擦手巾、洗脸巾，肯定不一样；淋浴间还应该有放大浴巾的毛巾架。另外，卫生间用的抹布和擦脚布，要想给它们找地方的话，我推荐洗手台橱柜，你可以买那种橱柜旁带毛巾架的款式。如果你家卫生间墙面现在不适合打孔固定毛巾架，可以安一些吸盘挂钩，把毛巾都挂起来用。

很多人在淋浴间随手把洗发水、护发素、沐浴液都放在地上，没几天，瓶子下面都形成了一层黏膜，黏膜其实就是霉菌。常用的东西放地上，你拿取和放回的时候还老得弯腰，也很累的。所以不妨在墙角安装个下面可以滤水的三脚架，这样既节省空间，还能让洗浴用品很快干燥。如果你的常用洗漱品多，三脚架可以选两三层的。对洗浴用品外形要求高一些的话，可以把洗发水、护发素用统一的瓶子装，外侧贴标签，用得差不多了，再倒进填充液。

三脚架是卫生间的好伙伴，适合放置各类用品。

想让卫生间味道清新怡人，最好的办法有两个：1.卫生间放柠檬或者薄荷味道的精油。大部分人都不容易反感精油的味道，它比市面上卖的熏香味道好闻多了。2.利用植物化解污浊气。可以选耐湿气、喜欢阴暗的蕨类植物。但要注意，卫生间可以放绿色植物等装饰品的前提是，其他地方一定要整洁，如果不够整洁，装饰品越多越画蛇添足。

第四步 归位

这一步特别简单，做到物品用完记得放回去，马桶的盖子用完给盖起来（一直敞开着也不太雅观吧）。卫生间、马桶、洗手台，定期拿消毒液消毒。

视频

如何整理卫生间？

书柜本来是给人带来知识与能量的地方，一旦这个地方变得杂乱无章，被无用的东西遮盖住，你还愿意找一本书来看吗？

05

知识管理
不如书房整理

难度指数：★★（最低难度1颗星，最高难度3颗星）

书房整理的难点在于，要和好多书、资料、票据、收藏品打交道，尤其是书特别多的家庭，在整理过程中需要把书搬来搬去，特别消耗体力。

需要整理的书房，通常是书桌跟杂货铺似的，上面什么东西都有，很凌乱；书柜也塞得满满当当，让人在书房里反而没法专心学习和工作，没完没了地走神。在这样的书房里，需要干的事情一直在拖延，囤的书倒是很多，可一本也看不进去。

先说书桌。几年前我还住在父母家，在我的房间里放过一张暗黄色的旧桌子，那是我爸以前淘汰不用的，因为坐在这张桌子前感受不好，我几乎从来没有安心学习过。2012年，我30岁了，开始想读书、想学习，还有了写作的需求，那时候硬是把桌子利用起来了，可因为不知道怎么整理，书桌最乱的时候简直不堪入目。那时候，我突然发现自己和其他优秀的人之间差距简直太大了，意识到过去浪费了太多时间，在三十而立的时候却没法独立，依赖着父

● 桌面要保持整洁，可以将平时经常用的电脑、笔记本、水杯、眼镜等物品摆在桌面上，抽屉里放置便签、数据线、名片等物品，做到随手可取。

母，每天还过着衣来伸手、饭来张口的日子呢。

当时我觉得自己唯一能做的就是拼命地学习，把过去的时光弥补回来。我那时候什么都想学，桌子上到处堆满了东西，乱七八糟的：桌子正中间堆了两座大山一样的书，是打算在一个月之内读完的；桌子右侧堆积的是打算一个星期里读完的书（这当然是不可能完成的任务了）。这样的书桌散发着低效、杂乱无章的气息，所以我的学习效率其实并不高。

● 图书从左往右、从低到高依次排列。可以在书架边沿贴上标签，将图书按类型收纳。

再看书架。好多人觉得自己家的书比空间多，都没放书的地方了，好多书挺喜欢的，就是书房里实在放不进去。以前有个学员说，他单身，一个人住两室一厅，一间屋子睡觉，一间屋子放了好些杂志。他居然有1万多本杂志，而且还一本没看过。他说任何一本只要看了，就一定会对他有帮助，只不过还没看而已。可能你发现家里的书架现在已经被塞满了，囤的好些书是5年前想让自己看完的，以为看了这些书就能提高能力，减轻内心焦虑。最后却发现书基本都没看，也从来没统计过到底读过多少本书，内心还觉得很自责：怎么老是读不完，到底什么时候才有时间读书呢？书中自有黄金屋，可惜你只是看似拥有，并没有发挥出书的真正价值。**通常这是陷入了低水平的勤奋陷阱：你想用勤奋充实自己的时间，好像比大部分人要强一些，其实你只做到了为知识付费，是买了知识，但没什么输出。**

最后看资料和收藏品。好多人觉得整理资料麻烦，攒了一堆，扔进箱子里完事；资料乱，找不着，越是乱七八糟的，越不知道该怎么收拾。还有人把家里铺天盖地地贴满各种海报、照片、旅行纪念品，每一面墙壁都用这些装饰品给糊上了，一点留白都没有，让人看着都喘不过气来。

总之，书桌、书柜、书籍、资料、收藏品是这次整理中的重点。

● 书桌常用物品定位后，只需要在每次学习、工作结束后进行简单的归位就可以了。通常笔记本电脑居中，左边放外接显示器、日程本，右边放鼠标、鼠标垫及水杯等。

那么整理好了之后会是什么效果呢？还是以我为例，经过一段时间的整理，我让书桌变得井然有序了，还终于下定决心淘汰了旧桌椅，跑到宜家采购了适合我的书桌、转椅和可移动的文件柜，在两个月时间里做了各种调整，终于形成了比较满意的组合。书桌、座椅、书柜、文件柜能做到位置固定，物品摆放井井有条，学习、办公的时候随用随拿，无缝对接，就像一套个性化学习系统一样，使用起来高效又轻松，这就算是整理好了。

想让书房从让人无法专心学习，到随时能坐下来沉浸到学习中，具体要怎么做？路径还是简化、规划、归类、归位和升级这5步。

第一步 简化

书和杂志太多，你不淘汰的话，就没有空间放新书进来。有不少人成了图书、本子收集控，之前考完试留下的工具类书，很多年都用不上了，但是一直都不舍得淘汰。这时候，**你就需要考虑给你书架上的书籍制定标准，比如2年内你会不会读？10年后，这本书还是经典吗？你还会温故知新吗？会送给你的孩子读吗？如果都没有达标，就可以淘汰掉了。**但如果没有达标的书籍有升值空间，已经晋升成了收藏品，那该留就留吧。如果你实在是想看书，又有点拖延症，我建议你去图书馆，那里有读书的氛围，还有闭馆的时间限制，你会自然而然地加快读书的速度。

● 书房内物品简化后，让人有种随时想坐下来工作的爽快心情。

资料类：除了重要合同、必须留下备份的文件，其他大部分文档、名片都可以电子化，上传到云盘。票据类的，找出还能到单位报销的，其他记了账，就可以扔掉了，帮你的书房节省出空间。

文具类：把不太好用，也不太喜欢的笔和本子都淘汰掉，因为你现在不会用，以后也不会再想起来用。笔可以送人，本子可以撕下内页当草稿纸。

工具类：有人家里有两三台打印机、扫描仪，基本上不怎么用，都落灰成了闲置。其实如果你没有文件批量电子化的需求，下载一个有扫描功能的手机App就可以把资料、图片电子化了；不经常打印的话也可以到外面的打印社去。电子设备并不是越多越好，因为电子设备越多，你就可能会在维修上花费越多的时间。

收藏品：要看你是不是还喜欢。我有一次在一个人家里看到50个他过去20年参加的各种会议的胸牌，其实好些都没有保留价值，可以适当做减法。

另外，很多人特别喜欢在书桌、书架上放很多装饰品、玩具、零食等，这些都和学习没有关联，建议拿到别的房间去。书房要的就是简洁利索，能让人快速进入学习、工作状态。

第二步 规划

有书房的家庭，通常是“3+2”的，也就是三室两厅的房间格局。建议选择相对安静的一侧做书房，如果你经常白天在书房里读书、写字，最好选择东侧或者南侧的位置，这样白天大部分时间都有阳光照进来，会让你整个人精神振奋，提高学习效率。

书房的墙面颜色首选冷色系，可以让人安静下来的颜色，如淡蓝色、淡绿色都是不错的选择。天花板白色就可以了，不需要过于花哨。书房窗帘，选单色的比较好，比如米色系。

书柜也要有留白，只留必要的书籍，避免明明不看的书也在书架上占位置的情况出现。

书房的书桌是用来办公、学习的，所以尽量不要摆放会让你分心的物品。

书房里不要放床，因为你在学习、工作的时候可能拖延症一犯就困得不行，倒头就睡，浪费了时间。

书桌的桌面1.2米—1.3米长、0.6米—0.65米宽比较合适。桌面除了放必要文具之外，要有80%留白。书桌如果是附带抽屉的，抽屉里也要有至少20%留白。桌子脚下什么都不放。桌面颜色越素净越好，黑色、白色、米色、灰色都可以。

书柜从拿书方便角度考虑，可以选不带柜门的；从防尘的角度考虑，可以选透明玻璃柜门的。

很多人家为了节省空间，当初定制家具的时候选的是那种书柜+书桌的组合柜。这种柜子原本设计理念是，让人坐在书桌前，能随手找书来看；但是从视觉效果来看，书柜大部分都没有设计柜门，也就是上面陈列的所有东西都是露出的，整体看上去很杂乱，所以不是特别建议购买。一件家具，功能越独立、单一越好。

● 图书也要由低到高摆放。

以前我尝试过把书堆在书桌上收纳，但就算用了金属书挡，一排书看上去也十分混乱。之后尝试过把书放在床头柜上，但每天晚上睡觉前看着也很有压力。后来我买过宜家的床上小折叠桌，把书放在折叠桌上，有时候在床上看书时一翻身，桌子就被碰倒了。也试过把书放在床下收纳箱里，放的时候挺容易，但是想看的时候很难找出来。最后终于明确了一条规则：书还是要摆放在书架上。每天固定30分钟阅读，定期淘汰不会再读的书，随时给书架留出空间，迎接新书的到来。就这样，我做到了连续5年，每年读100本书，养成了稳定的阅读习惯。

● 孩子的书也一样要分类摆放，家长们可以鼓励孩子自己将书放回书架，从小培养整理的好习惯。

家里孩子的书可以放在儿童房孩子的小书架上，大人的书收纳到大人的书房里。把不同人的书做出划分，就不用担心你的书房变成小朋友的游戏间了。

书房里的钟表，推荐选静音款。把钟表挂在墙上，能利用高空的位置，还能在看表的时候活动下颈椎。墙上挂了表，书桌上自然就不用放表了，可以减少桌面上不必要的空间占用。

第三步 归类

在这里想分享一个小技巧，就是把书柜上的书籍按主题分类。**你可以给自己列出年度书单，把与年度目标相符的书放在书柜固定的地方，告诉自己，今年内一定要把这个区域的书都读完。**你可以用标签给所有的书籍做分类，可以分成知识技能类（包括健康管理、时间管理、目标管理的书）、生活美学类（学习手绘、料理的书）、休闲娱乐类（各种绘本、小说）这几个类别，再分别贴在书柜分层木板的侧面。这样，图书馆一样的书柜就诞生了，你的书柜从此会变得非常易于管理。

- 在书柜隔板上贴上标签不仅可以方便你快速找到你需要的那本书，同时也方便归位。

书房里的资料最好放到透明自封袋内或塑料分类文件盒里，这样可以高效分类收纳和拿取你的纸质文件。

- 塑料分类文件盒上也可以贴上标签，方便寻找各类证件等小物品。

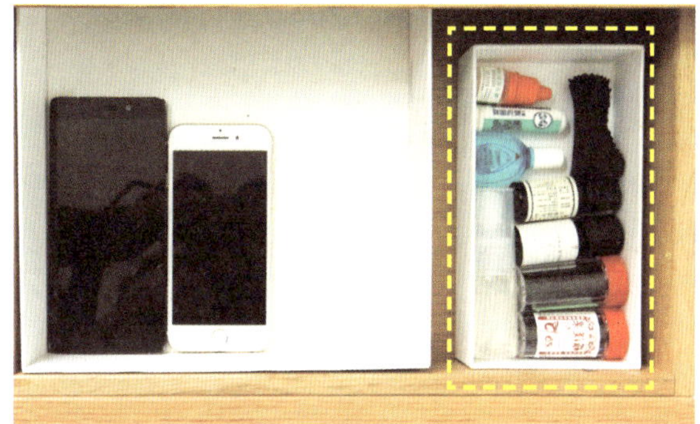

在抽屉中收纳的要点是，每一层抽屉都可以安排一个主题，如一层放文具、一层放数据线等。抽屉里为了给小件物品做出分隔线，你可以放隔板，或者把手机的包装盒当成收纳盒在抽屉里使用。通常手机包装盒很结实，可以长期使用，而且放在抽屉里也比较美观。

● 手机包装盒别扔，它可是一个质量很好的收纳盒哦。

● 如果书桌是没有抽屉的款式，也可以把家中鞋盒等现成的物品作为收纳工具，把移动硬盘、充电宝、备用手机等一并收纳起来。

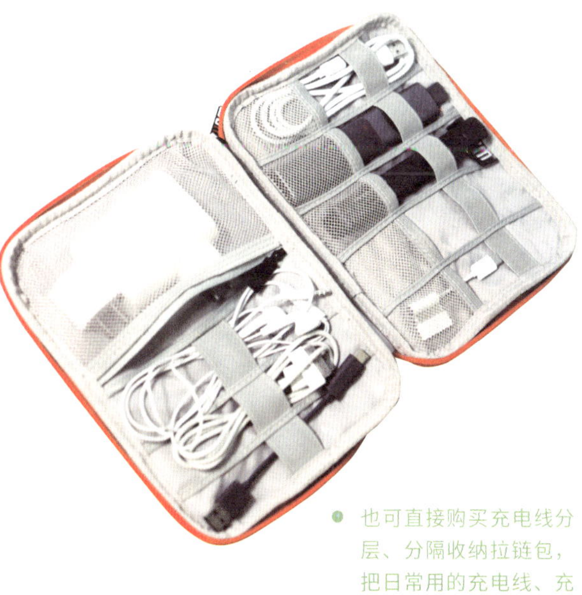

● 也可直接购买充电线分层、分隔收纳拉链包，把日常用的充电线、充电器集中收纳到一起。

第四步　归位

很简单，每天在书房用完各种工具之后，用5分钟做收工仪式就好。

第五步　升级

如果你是经常看书，面对书桌时间特别长的人，就值得在书桌、书柜上多投资一点点。每天一个人面对什么家具时间最长，就建议把什么家具换成最好的，比如每天你在床上花8小时，而且在家办公，书桌和座椅可能平均要用到12小时，那么床、座椅、书桌可以买好一些的款式。

书桌、座椅类：将来大家可以尝试把书桌升级成能调节桌腿高度的，桌子调高了之后，很方便站着工作。有机会你不妨试试看，站着工作效率比坐着要高，行动力超强。椅子也建议升级成可以调节高度的款式。因为每天你可能有12小时左右，也就是一天中一半的时间都坐在这里，所以买你能力范围内最好的椅子吧，它会成为你学习、工作的好伴侣。

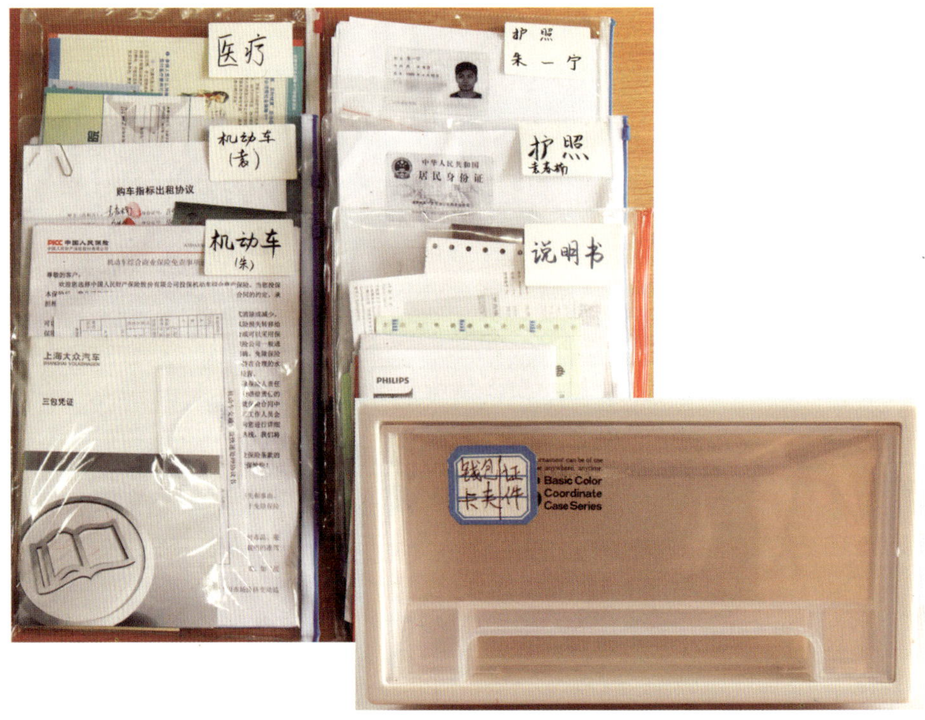

● 个人重要证件，可以分类整理到文件夹中，然后统一收纳进文件柜或整理箱中。有的家庭对于隐私要求比较高，可以考虑添置保险箱。保险箱适合放入卧室一角或衣橱内。

文件柜：可以在宜家买个可移动的柜子，价格便宜，一般有6个抽屉。6个抽屉的收纳能力是很厉害的，可以分类装下你大部分的小物件。这种柜子适合办公室和家用，每个抽屉上还有标签凹槽，方便你把6个抽屉里的物品分类并贴标签。

签字笔类：推荐三菱品牌。相比市面上很多1块钱1根的笔，这种笔质量要好太多。通常很便宜的笔，还没写几个字，可能笔芯就没水了、笔尖也坏了，会让你灵光一现的创意，一下子消失，完全丧失书写的欲望。

● 各种文具、办公小物适合统一收纳在专门的收纳盒中，以透明亚克力材质为优先选择。

在书房整理中还有一点很重要，就是你最好只收拾自己的物品。因为整理是和自己相关的，如果要触碰别人的东西，一定要尊重别人的意见和选择，别让好事变坏事。

如何整理书柜？

卧室的功能只有一个，就是休息。不要让卧室承载太多的功能。

06

让你一夜好梦的卧室整理术

难度指数：★（最低难度1颗星，最高难度3颗星）

其实很多人家里的卧室都特别乱，需要整理的原因呢，通常是功能区划分有极大问题。很多家庭把卧室充当了书房、工作室、睡房、更衣间、梳妆打扮的地方等。一个房间承载的功能太多，物品种类太多，就会显得特别混乱。

● 卧室的主要功能是休息、睡眠，应尽可能地少放东西，越简单越好。大多数植物夜间会释放二氧化碳，所以卧室中不要放太多。

那么怎么才算是把卧室整理到位了呢？**卧室功能专一，最好只用来休息；整个房间布局规划做得好；家具、东西少而精，就基本可以了。**从一个混乱的空间起步，到拥有一间整洁卧室，具体该怎么一步步整理呢？卧室整理的路径还是以简化、规划、归类、归位这4步为主。

第一步　简化

走到卧室里，问问自己，这个房间里，有什么不合适的东西吗？那这些东西就必须离开你的卧室。你要做的是从家具到物品，重新判断思考下，哪些是不再需要的了。

比方说，卧室是休息、睡觉的地方，不要放书柜；同样，书房是工作和学习的地方，不要放床。

● 卧室中尽量选择给人沉稳、安静感的颜色，有助于睡眠。

卧室应该只属于你和与你有亲密关系的人，如果你在卧室里放一台电视，那它就很可能会把伴侣从你身边抢走。老在卧室里看电视，会把你带到另一个世界。电视淡化了你和伴侣交谈的欲望，最好的选择是，把电视给搬出去。你家有闲置的梳妆台吗？去年我搬家之后发现，房东在卧室里留了一个准备让我使用的梳妆台。这个梳妆台先不论美观与否，单从平时在家里经常穿梭走动的路线来讲，它的用处是比较小的，如果为了用而用，反而给自己添麻烦。你也可以回想一下，平时为了节省出门的时间，都在哪儿完成清洁、保养和化妆呢？往往都是在卫生间里，是吧？我们基本上没有太多时间先从床上爬起来，去卫生间完成清洁，再跑回到卧室的梳妆台做保养和化妆，当然能一气呵成地把早起之后的常规事情做完最好了。很多学员也反馈说，他们自己在完成卧室整理后期的时候发现，梳妆台在卧室当中显得越来越鸡肋和占空间了。

● 床头最好什么都不要悬挂，特别是大幅相框、油画等装饰物。

梳妆台的抽屉往往空间小，高度有限，放不下什么东西，当你把一大堆护肤品、化妆工具，就算是用收纳盒收好、排列好放在台面上，也会让整个卧室显得比较乱。所以卧室当中不放梳妆台，可能是更好的选择。

如果卧室中确实有一组梳妆台，而且短时间内无法移走的话，那就最好花些心思，让梳妆台每天保持整洁美观的状态。

你家卧室里如果有衣柜，那衣柜上方不要放任何东西。当然，如果你家有独立衣帽间，不需要把大衣柜塞到卧室更好。

你也别让自己睡在垃圾上。你的床要成为一个神圣、宁静的地方，这里是产生亲密和保持亲密的地方。除了必要的床上用品之外，凡是阻碍亲密的东西，都是杂物。床头最好不要挂厚重的相框，头上悬着东西，给人压抑感。

整理床下的东西前，你得拿几个结实的大垃圾袋和手电筒，来仔细发掘一下床下的“宝藏”。

● 床头尽量保持整洁，只放与睡觉真正有关系的东西，比如助眠香薰精油、闹钟、台灯等。

另外，你的床头柜上可能堆满了东西。有时候你会给自己设定太远大的目标，明明已经23点多了，第二天还要上班，你突然特别想努力奋进一把，搬了三四本书，打算学习。其实你并没有意识到，你一晚只可能有读1本书的时间，在床头放上1本书就足够了，眼前的东西越少，越会强化你的注意力，不会让你的大脑在思考事情的时候分神。你的床头必须保持整洁，平时只放当下真正对你有价值的东西。

现在你可能对卧室里的梳妆台、镜子、床上床下物品都重新做了去留的判断。再回到你的卧室，坐下来感觉感觉，扫视一遍房间，问问自己，还有什么可以做减法的吗？

第二步 规划

你可以尝试做一个小练习：静静地坐在卧室地板上，在房间里待一会儿，想一想你觉得卧室应该是什么样子的，适合放些什么，是不是需要有床、床头柜、衣柜或梳妆台，放什么能让你的心放松而宁静。

建议空调别安在床头，床头也最好不在天花板横梁下面。卧室墙面最好选择淡紫色、淡蓝色，窗帘也可以选择淡紫色的。在房间里休息的时候，这样的颜色会让人感觉比较宁静，能很快入睡。挂衣架最好不要放置在卧室内，放在门厅是比较好的选择，因为出门穿过的衣服和鞋子会携带细菌和灰尘。

床的摆放以南北方向最适合。床在市面上大概有两种选择。一种是不带收纳功能的床，床下是空的，如果你用的是这种床，要定期清理床下卫生死角，因为很容易进灰。如果想给这样的床下增加收纳空间，可以选择密封性良好的下面带滚轮的床底箱。另外一种是有收纳功能的床，一般分成抽屉式和掀盖式的。抽屉式的床，按照实际卧室空间条件，可以选择左侧或右侧带抽屉的，或者左右两侧都带抽屉的。

对于卧室窗帘颜色和花色的选择，可以重新问问自己，你喜欢的颜色是什么？你喜欢的是条纹的、格子的还是花朵的？通过确认自己的喜好，重新设定选择标准。另外，窗帘建议1年最少清洗1次。

● 大多数的家庭都会选择有收纳功能的床，但不要以为看不到就可以随意摆放物品，床下也要保持整洁。

第三步 归类

床下的抽屉里可以放一些过季服装、床上用品等。建议每个抽屉里只放一个类别的物品，虽然床下的抽屉你不会经常打开，但也要保持整齐。

第四步 归位

卧室里的东西用完了，或者从别的房间带进来的东西用完了，要及时归位。

在卧室做物品收纳，有什么要特别注意呢？

像床上用品，不要用白色或者黑色的，会让人感觉冰冷压抑；可以用一些颜色柔和的。床下空间，从长远来讲，最好什么东西都不放，这样利于床下空气流通。如果说你家收纳空间确实有点不充足，暂时放在床下也是可以的。

如何整理床头柜？

如何整理床下物品？

衣橱收纳的最大禁忌就是堆积如山！

07

5步还你一个整洁的衣橱

难度指数：★★★（最低难度1颗星，最高难度3颗星）

衣橱是女人痛并快乐的地方，大部分女人似乎一生都在和衣橱做斗争。

需要整理的衣橱基本上有几个集中的痛点：东西多、空间小、特别乱。在这样的衣橱里找什么都特别困难，每次出门都是老大难。这样的衣橱会让你觉得衣服多得衣橱已经放不下了，可每到换季时又觉得没有衣服穿，总是认为自己还需要一件新衣服，于是没完没了地买买买，却还是拯救不了乱乱乱。

衣橱的核心功能是收纳服装，使用各类收纳工具是保持整洁、方便拿取物品的好方法。衣橱收纳的最大禁忌就是堆积如山，以“山”为单位，比如冬天衣服一座山、夏天衣服一座山等。

一起来看看，下面的3个案例和你家像不像？

案例1：明明是个衣橱，你却非得把它当成杂物间去用。衣橱里堆放的衣服层层叠叠像座小山一样，哪怕抽出里面任何一件衣服，整座山就好像要塌下来了。一般家长都特别喜欢这么用衣橱，我妈就喜欢把衣服、床单、被罩都一层层叠着放。有人除了衣服、床品放衣橱，还把不舍得扔的塑料袋、纸袋、快递包装袋、文件、收藏品等都往衣橱塞。遇到这种情况，你只需要把收纳的方法改善一下就好。

案例2：家里明明有一间闲置房间，专门放了张大床，床上却堆了一家老小的闲置衣服。只要不穿了就随手往上一堆，也不分谁是谁的，全都混在一起。大家也知道，北方灰尘比较大，如果衣服放在这样一个露天的地方，时间长了，所有的衣服都会沾上灰，等于说这一床的衣服将来都是要花很多时间成本去清洗的，等于给未来埋下了大量劳动的隐患。还有的人家里有两个沙发，都用来堆衣服，一个沙发堆满了，就去堆第二个沙发；两个都满了，实在没地方堆，只能把一个沙发上的衣服拿去洗，空出来地方又继续堆积。

案例3：并不是说衣橱有留白就算是整理好了，有的家庭三口人衣服全部混放在一个衣橱里，每个人的衣服没有界线。虽然衣

● 衣橱中衣物尽量悬挂起来，肯定是最简单和方便拿取的。当悬挂空间按照对角线有计划地收纳衣物，比如从左到右、左长右短，自然会在右下角留出一大块空间，可以用来放收纳盒、收纳箱等补充物品。其实很多衣橱内并不是空间不够，如果最初购买、设计时，留出较多悬挂区和抽屉区，就几乎不用买或只需要选一两款收纳工具就能解决全部衣物收纳问题了。

衣橱中除了悬挂区和抽屉区，通常有几个大小不一的收纳格，比如衣柜最上面矮一些的收纳格可以用来收纳被子、枕头。不同薄厚的被子都可以用卷起来的方式折叠。利用厨房用保鲜膜，可以方便地把换季被褥、大衣、羽绒服收纳起来。如果有足够的悬挂区，也可以把大衣、风衣类固定放在一个区域。实际上如果春、夏、秋、冬服装不多，可以搭配成套统一挂在一起，只要区分场合，大致分成运动、休闲、职场几大类就可以。

橱并没有被完全塞满，但是他们会在衣橱顶上、衣橱下面横七竖八地塞满各种空鞋盒子、健身器材、闲置杂物。实际上，衣橱并没有被充分利用。

整理好的衣橱，一定是你想找什么都能第一时间拿到，一分钟都不需要浪费，完全无缝对接的。打开衣柜门之后能看到，里面放的物品，收纳时都是有逻辑思路的，比如左边放男士的服装，右边放女士的服装。通常经过科学收纳，衣橱里大件、小件，包括床上用品、行李箱都可以被放进去。当你把所有物品都收纳得当之后，衣橱里还能有留白，就达到了整理得非常好的标准了。

从让人头大、乱糟糟的衣服堆，到能实现换装的高效衣橱，具体要怎么做？路径有简化、规划、归类、归位、升级这5步。其中最重要的是规划和升级环节。

第一步 简化

很多人包括我在内，在做减法这一步就经历了很多年和几十次的筛选。当你还是整理初学者的时候，一定特别容易犹豫不决，没法使简化一步到位。你会不舍得做减法，觉得有些衣服还能在家穿，还能干家务穿，还能遛狗穿，等等，给自己找了一万种理由，让早就不适合你的衣服还藏身在你家衣橱里。

这个衣橱分成悬挂区、抽屉和收纳格3种可使用的部分。在收纳格部分考虑到使用需求，分成：第一层放不太常用的包；第二层放替换床品、毛巾；第三层放家里已买好的一个收纳箱，收纳打底服装和帽子；第四层放常用手提包；第五、六层放礼品、杂物。考虑到物品类型较多，特别贴了标签做提示。这个衣橱中的悬挂区如果能把衣架统一成同色、同材质的，对右下角的杂物区进行简单改造，把杂物收纳到家中其他橱柜内，就会更加美观了。

给大家总结两个服饰淘汰标准，分别用左脑和右脑来完成判断。

一个是感性路线，就是淘汰掉那些穿在身上没自信，不符合你身份、年龄、气质的衣服。如果你已经上班6年以上，家里还有很多大学时期的衣服，就别留着了，大扫除一次吧。有些衣服可能是你的表姐、表哥淘汰给你的，你其实一直不喜欢，但当初没好意思拒绝，一直留到了现在。如果一件衣服让你没有心动的感觉，那这样的衣服你也不会去穿。

另一个是理性路线。如果有些衣服已经变形、破旧了，穿上出门一整天都在扯来扯去，始终觉得不对劲；无法通过改造变得合身；还带着标签，但1—3年都没有穿过；无法搭配，与衣橱里其他衣服格格不入……那么这些衣服就都应该淘汰掉了。每个人都有审美盲区，你可以请来你家串门的朋友或服饰搭配专家来帮助你，这样你就会发现很多衣服都不值得再留下了。找那些眼光比你高很多的人帮忙，比你自己通过读书、看杂志等一点点提升眼光要节省时间。

你也可以动动脑筋，先从衣橱里挑出一件你最满意的衣服，给它打10分。这件衣服一定是你特别喜欢的，无论颜色、质地还是剪裁都非常适合你，每次穿出去都会得到朋友们的赞美。拿出一个衣架，把这件衣服挂在墙上，再把衣橱里的其他衣服都拿出来和它作比较。比较之后能得7—10分的衣服就可以留下，这样的衣服以后穿出门的概率比较高；得7分以下的衣服基本上都是未来一两年内你需要淘汰的对象，其中5—6分的现在还可以在家里或出去买菜时穿，5分以下的就可以直接淘汰掉了。

这组衣橱充分利用最上面的空间放换季物品如被子。上一层的悬挂区挂男士上衣，下面一层挂女士服装。如果你的衣服在购买时配有防尘袋，不要丢弃，继续利用起来。如图所示，由于男士的上衣比女士的服装要短，悬挂起来后会留下一个小空间，在这个空间里可以放置一些收纳盒，收纳小件衣物或者叠好的裤子。

● 在南方城市，敞开摆放内衣、内裤问题不大，没有盒盖很方便寻找和拿取物品。而在北方城市，即使衣橱有柜门，灰尘也会跑进去，所以把分隔收纳盒放入抽屉或者加盖子是更明智的选择。

在做筛选的时候，把你全部衣服都拿出来，批量地筛选。如果工作量特别大，可以每个小时休息一下，补充水分，让已经做了大量选择工作的大脑喘口气。我在服装数量上给的标准是，外穿服装（就是能穿出门的，内搭的秋衣秋裤不算），女性100件完全足够，200件选择就很丰富了；男性50件就足够，如果有100件，就已经是比较爱美、喜欢时尚的男士了。

让衣橱看上去特别乱的原因还有一个，就是衣架种类、颜色不统一。你只要先把洗衣店送的铁丝衣架、买衣服送的质量不好的衣架批量淘汰掉，就能让衣橱美观度大大提升。

衣橱上面最好避免塞东西，从外面看一点都不美观。实在要放的话，也不要放得太靠外，有种摇摇欲坠的感觉，往里侧推一推。

第二步　规划

女士衣橱		合用区域	男士衣橱	
1米 过季衣服	0.75米 过季衣服	0.5米 枕头	1米 被子四件套	0.75米 过季衣服
长衣区 折叠镜子	短衣区	帽子 包 包 外出服 健身服	短衣区	多功能区
	首饰区域	周转区	分格内衣	手表袖扣区
叠放区	分格内衣	穿过还不想洗的衣服	家居服	叠放区
叠放区	家居服		叠放区	保险箱

● 春楠手绘的理想的衣橱。一个理想的衣橱可以将家庭成员的衣物区分收纳。比如左侧是女士区域，右侧是男士区域，中间有合用区域。

买衣橱的时候尽量避免表面带镜子的款式。现在很多衣橱里都设计了伸缩式的镜子，用完的时候可以收回去，特别人性化。好用的衣橱，一定是挂衣服的位置占最大面积；接下来有抽屉，用来放小件物品或者把衣服折叠、卷起来收纳；最后才是收纳格，通常用来放床上用品特别方便。衣橱的隔板最好可以根据你的需求随时调整。

第三步　归类

我的衣橱，几年来一直奉行最高效原则，也就是我从来不需要换季，一个衣橱里已经放了我一年四季的所有衣服。我会按照左长右短、左低右高的顺序挂衣服。

● 衣服根据季节分类摆放，并按照左长右短、左低右高的顺序悬挂衣服。右侧最上面的格子可以收纳换季被褥。如果衣服在悬挂后下方还有空间，可以放几个收纳箱来收纳小物品。

衣橱里的悬挂区，挂最常用的衣服，推荐按照左长右短的顺序排列，把我们的大衣、外套、连衣裙以及比较昂贵、易受损的衣服都挂起来。如果你在北方城市，可以在重要的衣服外面套一个防尘罩。宜家款的白色透明防尘罩就很耐用。衣橱里的抽屉或者其他能放折叠衣物的区域可以分类放不怕折叠之后有褶皱的上衣、裤子等。在收纳格视线以内的位置放常用内衣裤。最后，衣橱最上方和最下方放不太常用的包、帽子、换季鞋子。如果你的衣橱实在是放不下了，可以放床底箱中，或者买移动挂衣杆，临时放一下。最好把你的衣服都在衣橱或者衣帽间集中展示出来。越集中，越能避免到处找衣服的现象。

● 衣橱中主要摆放了各类小件衣物、内衣、袜子、打底裤、包等物品。在把物品卷起来折叠之后，配合适当的收纳小筐，可以让物品看起来更有序。右图中的衣橱经过调整还可以做得更好：第一层可以把收纳工具统一颜色和材质，第二、三、四层可以增添收纳盒或收纳抽屉，第五、六层的规划比较到位。

● 衣服可以搭配好整身地挂在衣柜中，免去每天现搭配的时间。

之前提到服装尽可能以挂起来为主，最好还能一套一套地挂起来，实在没地方挂了，再折叠、卷起来收纳到盒子、抽屉、箱子里。我推荐男士、女士都按照一身服装去搭配，就像合并同类项一样。打开衣橱，看到的不是一堆单品，而是按照职场、休闲、旅行等不同主题挂起来的成套衣服，让你不再有明天上班穿什么的烦恼。

第四步 归位

这一步很简单，当你所有服饰都有自己的固定位置后，清洗完毕，做到用完归位是十分轻松的。

第五步 升级

每一年你的气质和服装品位都会改变，难免需要购买符合你当下需求的衣服。好衣服的能量、气场和普通衣服天差地别。价格可能是你质疑的地方。比如你花3000元可以买10件300元的衣服，也能买1件3000元的衣服。3000元的衣服能陪伴你10年，每年都可以穿，平均成本300元每年，一年可能穿10次，平均每次才30元；而300元的衣服你可能穿一季就不喜欢了，可能只穿了3次，平均一次100元。你是想和精品一直相伴，还是随便有件能穿的就行了呢？要知道来回倒腾、整理的时间成本也是巨大的呢。所以，与其在购物网站、商场里搜索便宜的衣服，不如买几件精品回来，长期穿。

你甚至还应该以打造个人品牌为目标去选购衣服，把购买每一件衣服当成一项投资，但实际上，只有能帮你提高身价的衣服才值得拥有。

如何正确叠衣服?

Before

After

08

让你的衣橱物尽其用

难度指数：★★★（最低难度1颗星，最高难度3颗星）

理想的衣橱，肯定是越大越好。衣服的悬挂要优先于叠放，没有办法挂起来的时候才考虑折叠。按照左低右高向上走的抛物线来悬挂，这样视觉效果最佳。在衣物收纳好之后，如果衣橱还有额外的空间，拿东西的时候也非常便捷，不会让你有任何时间被浪费在找东西上，那这就是一个很理想的衣橱了。当然，实际生活中大家正在用的衣橱是五花八门的：组合衣柜，顶天立地的撑衣杆，打制的穿衣间、五斗柜、简易衣架或者是床底箱，等等。但为了长远考虑，现在可以储备一些关于衣橱种类的知识和经验，将来有机会搬新家换新房的时候就可以做出升级选择了。

通常来说，去家具店参观衣橱展示的效果，和你把衣橱买回家，亲自使用一段时间的感受是完全不一样的。只不过衣橱种类那么多，不可能全都尝试一遍，时间成本实在太大了。为了帮助大家做选择，我对各种衣橱的优劣势做了一个小结，希望能给你一点启发和参考。

最推荐的一类衣橱，是在知道你有什么款式的衣服，有多少件衣服之后，在自己的房子里装修定制独立的穿衣间。穿衣间里80%的位置都是悬挂区，能够让你痛快地把大部分衣服都挂起来；其他没有空间挂或者是不适合挂起来的衣服，还有床上用品，我们再通过折叠收纳的方法放到抽屉，或者是储物格里面去。当然了，要考虑到未来你的需求很可能会变化，每一块隔板，最好都能够自由调整位置，以备不时之需。有些人的鞋也特别多，那鞋柜完全可以放在穿衣间的旁边。在这里推荐定制360度旋转的鞋柜，通常这样的鞋柜有

● 一个理想的衣橱是将80%的衣服都悬挂起来，再配有适当的抽屉来摆放各类小件衣服和配饰。当下用不到的床上用品和羽绒服等衣物可以卷成卷后用保鲜膜包裹上。保持卫生、空间利用率最大化的衣橱才是一个合格的衣橱。

一人多高，每一侧有7排，一排能放3双鞋，一侧能放21双，另外一侧还能放21双，加一起就是42双鞋子。如果说你现在有100多双鞋，那么设计3组360度旋转的鞋柜就足够了，根据你自己的实际需求和衣帽间的大小去安排吧。

建议大家不要把衣服按照单品挂起来。就是说，你可以试着按照一个衣架上挂一套衣服的方式来挂，比如说我的衣橱里可能拿出一个衣架，你就会看到有上衣、裤子、丝巾、项链、手链，都搭配好了，把它们挂到一块，第二天出门的时候就会特别高效，你压根儿不需要临时做出门服饰搭配。对于职场人士，每天的时间这么紧张，你就可以提前把一个星期的衣服都搭配出来挂好，能帮助你节省大量的时间呢。我有两种衣架来区分服装场合：宜家买的白色木质衣架挂正式场合的套装，植绒材质的防滑落衣架挂休闲场合的套装。以前有人觉得我很奢侈，一件T恤为什么不能和不同的裤子搭配呢？干

将衣服搭配好挂在衣橱里，免去了思考上班时穿什么的苦恼。

吗非要固定成一套挂起来？我的整理理念一直都是——一切为了效率。我的外穿衣服大概有四五十件，就算是把固定的上衣和固定的裤子配起来，如果还想有另外一身不一样的搭配，那就再买两件好了。就这么做成定型搭配之后，我也只不过有20套左右的外穿衣服，目前一年四季算是有基础穿着了。衣柜里的衣架一定要同质同色、统一高度，这样看上去更加美观和整洁。

如果悬挂区域少，可以多多使用抽屉柜作为收纳工具，也可以让衣橱物尽其用。

第二种是从家具店买回来的组合柜，这种衣柜大多隔板都固定死了，后期没法做任何调整，只能被动地适应固有的空间。在空间固定的衣柜里，最好的办法是保持衣物数量占衣柜空间的80%，衣物尽量挂起来；实在没有地方挂的话，可以按照衣柜里的储物格尺寸买上几个透明抽屉柜作为收纳工具，通常从网上买特别方便。

● 衣橱内的物品通过重新整理收纳之后，衣橱大部分空间都空出来了，甚至可以把旅行箱擦干净收入衣橱内。

第三种是从宜家买回来的衣柜，它的好处是隔板高度可以随时自由调整，有的隔板你不需要还能给撤掉，特别方便。宜家的衣柜大多数是白色的，大家要记得白色家具对放在里面东西的整齐度要求最高，只要稍微乱一些，就会很明显，所以需要你在收纳上下功夫。白色的家具里，东西放得少些，精简一些，视觉效果才最好。

● 穿衣杆的优点是可以有悬挂大量衣服的空间，方便移动衣架和物品，十分自由；缺点是屋顶必须是实墙，如果杆子支撑力度不够，容易整面墙倒下来。由于没有外层的防尘保护，衣服上容易落灰，所以它更适合居住在南方城市的朋友选择。

第四种是顶天立地的穿衣杆，能挂不少衣服，通常在外面拉个布帘儿防尘。要注意的是，这种收纳工具适合高个子人群，身材娇小的人可能享受不到穿衣杆的强大收纳功能，因为上面的衣服不好够到。而且北方城市灰尘很大，光靠一个布帘儿当衣柜门挡不住灰尘。

● 简易衣架可以承载悬挂衣服和放置物品的功能，但如果你不是住在临时过渡的房子中，不建议使用。

第五种是简易衣架，有些只有个架子；有些是用无纺布、塑料布当柜门的；有的还带些轱辘，移动位置比较方便。如果是在自己的房子里，当然是没必要买这种衣架凑合的；如果你只是在租的房子里过渡用，搬家之后，它就可以淘汰掉了。

五斗柜中特别适合放内衣裤、围巾、打底裤等小件和适合折叠的衣物。

第六种是五斗柜，每个抽屉层高是有限的，你需要花比较多的时间一点点把衣服折叠成小卷儿收纳到里面。而且人很容易忘事儿，超过3层的抽屉建议你把每一层都贴上标签，标注上每层抽屉里都放了什么类型的衣物。

第七种是床下收纳格或者是床底箱，也可以放一些衣物，只不过你每次要拿取的时候毕竟不是最方便的。有的时候因为很少看到床下的东西，你还很容易把这部分忘掉。

这个时候你可能会问，穿了一次，但是还不想洗的衣服放哪儿呢？有几个方案：一是放在门厅柜上；二是放晾衣杆上；三是搭在脏衣篮上；四是放在衣橱里，用衣架把它和其他衣服隔开。最后一种办法是最不推荐的，因为这样很容易拿串了。

床底收纳箱里只适合放暂时用不上的备用物品，但如果有你一两年都用不到的东西，还是建议淘汰掉。

如何整理衣柜？

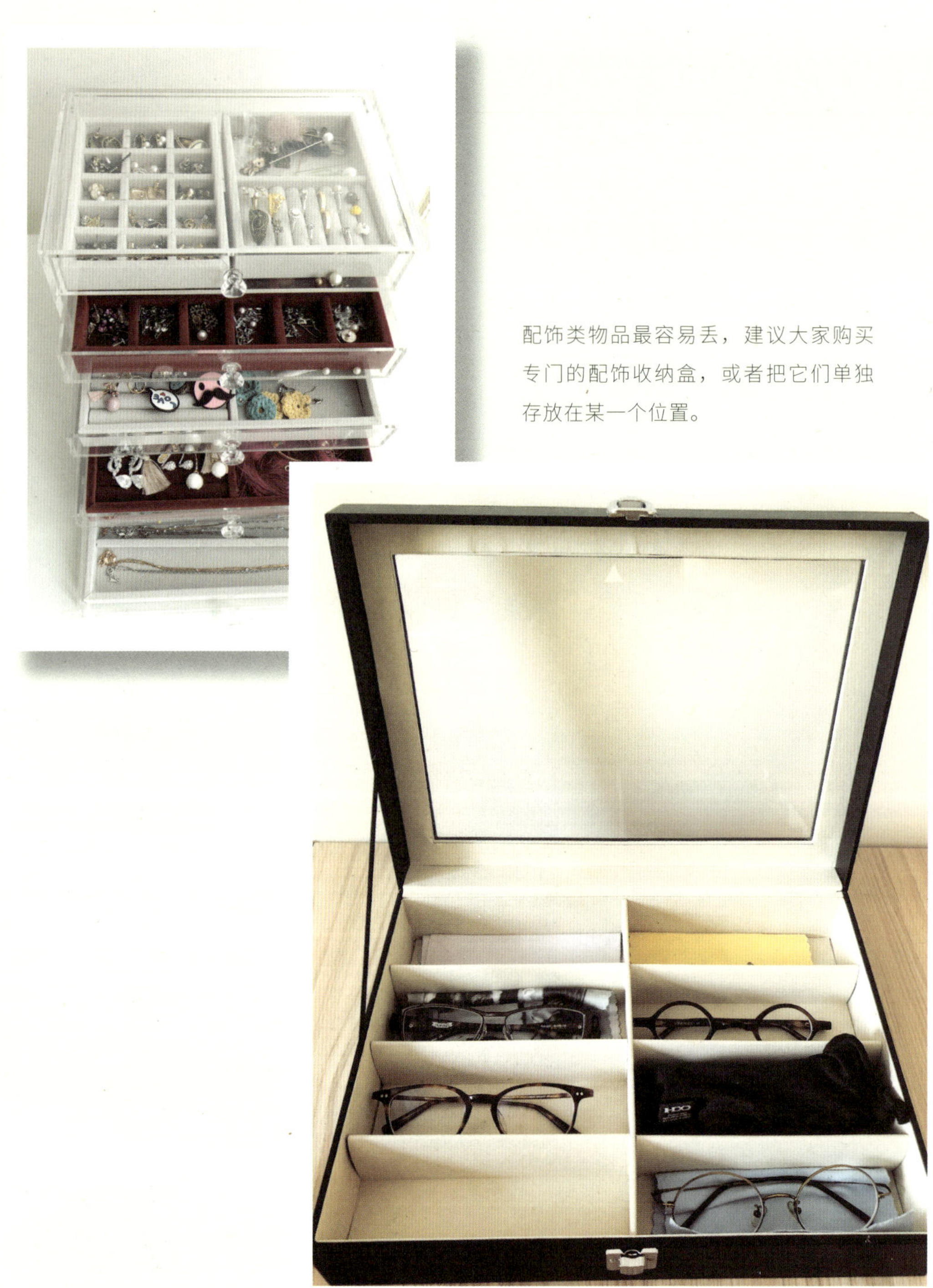

配饰类物品最容易丢，建议大家购买专门的配饰收纳盒，或者把它们单独存放在某一个位置。

09

配件、饰品
一目了然的收纳术

难度指数：★（最低难度1颗星，最高难度3颗星）

怎么挑选配件、饰品，怎么和服装搭配起来给形象加分是很多人的困惑。实际情况是，很多女性只知道买买买，而大部分饰品却是闲置的。

饰品，不属于生活必需品，一个人使用饰品一定是有目的性的，我们投资和使用饰品的深层目的，也许是在社交中表达个性，提升颜值，或者显示收入、品位甚至社会地位等。

通过整理，找到你使用饰品的理由，让你的每一件饰品都能派上用场，应用到生活中，并确保饰品在固定位置，取用方便，让合适的饰品帮你在生活场景中绽放光彩，才是最终的目的。

日常配件、饰品的整理分简化、收纳、升级3个步骤。

整理配件、饰品时的思路是从大件到小件进行。因为大配件、饰品占空间大，同样1小时，你完成了20条大围巾、长丝巾的整理，能看到效果，心里有成就感。如果这1小时里，你就整理小耳钉、胸针，发现这个少了，那个坏了，还得想着怎么修理、去哪儿修、到底还要不要的问题，你会感觉特别疲惫，最后没有什么效果，可能对整理这件事都失去兴趣了。从大件到小件整理的思路也可以迁移到每天工作安排上，要事优先，这样一天的效率自然高。

1.手提包、背包类

先说怎么做减法吧。买东西赠送的，比如上面还打着快销品标志的，带着出门觉得没自信、不显好的手提包、背包最好淘汰掉。对于女性来说，不适合长期使用的是大容量双肩背包，尤其是里面能塞进电脑、厚重资料的，因为无论背包多大你也会给填满。以前我老是背着双肩包上下班，很多时候当天根本不需要加班，就是因为双肩包里只放了很少的东西，太空了，就会无意识地把笔记本电脑也背回了家，当天晚上整个包压根儿没打开过，第二天原封不动又背回单位去了。最开始肩膀有点酸疼，也仗着年轻没在意，久而久之，到了30岁之后，肩颈劳损明显起来，每天疼得不行，终于抛弃了一点没有女人味，还负重很大的双肩背包。

后来我选择了更轻便的手提包，比如Longchamp的尼龙材质包，在大中小几种尺码中我毫不犹豫地选了最小号的。小包能塞的东西少，也减少了出门乱塞东西到包里，结果大部分都用不上的情况发生。

为了更好地存放包，建议大家把购买时配有的防尘袋留好，方便存放。

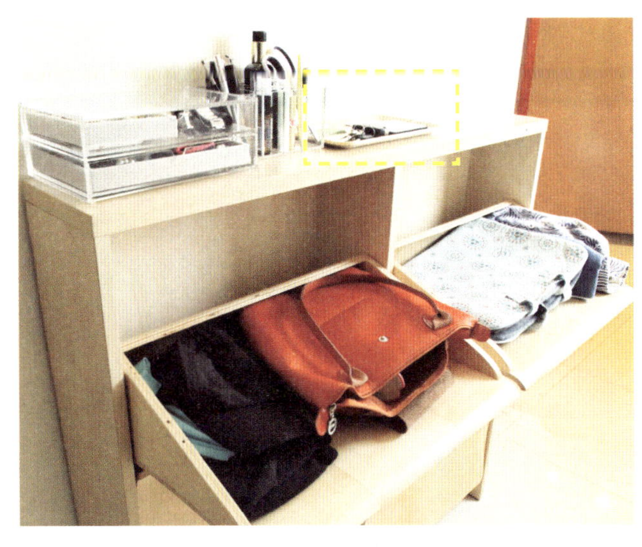

将平时常用的包放在门厅柜，进出门的时候方便拿放。如图所示，桌面上可以放一个盘子或者收纳篮，将钥匙、公交卡、耳机等随身小物件集中收纳，以免出现出门的时候找不到的尴尬和浪费时间的情况。

包怎么收纳呢?

建议把包放在门厅柜里，或者衣橱最上方位置。每个包购买时配有的防尘袋最好留着，用来将平时不用的包装起来。除非你的收纳空间太有限，包的数量又特别多，否则不太建议把一个包塞在另外一个包里来节省间空，因为你会很容易忘记包里面塞的是哪个。

通常在包里，你可能会散放手机、零食、化妆品、耳机、充电线、钥匙等，东西类别一多，互相之间缠绕在一起可是很烦人的。想要管理好包中小物，可以考虑这种方法：如果你喜欢经常更换不同的包搭配服装，可以选择一款包中包，每次换包搭配服装的时候，把包中包换进去就可以。包中包有很多种，比如无印良品家有尼龙材质的可供选择。也推荐大家购买A5或A4大小的弹力

弹力绷带收纳板适用于各类卡片、钥匙等小件物品的管理。

绷带收纳板，这种收纳板可以在一个平面上把你的各种小物品都固定位置，一目了然，比拉链包还好用。

如何升级你的包？

买包，贵就好吗？流行什么就买什么吗？当然不是，你要买的包是服务于你的，而并非你服务于它，买你喜欢，适合你，同时能为你的整体造型添彩的即可。奢侈品牌的包可以买，但建议大家先从大品牌的经典款入手，比如LV的Speedy和Neverfull都不错；CHANEL的Boy大家也可以选择购买，既好背，以后也更容易保值。包的颜色方面，如果你在考虑入手第一个包，就选黑色的，百搭不过时，买了也不后悔；打算入手第二、第三个包时再选米色、红色系列或者其他你喜欢的颜色。

2.丝巾、围巾类

已经起球，或者颜色、图案不适合你的丝巾、围巾要果断淘汰。有些场合你会看到一些女性看起来特别像从服饰搭配训练班刚毕业的，刻意地穿衣、配丝巾，看起来不仅古板还少了亲和力。有些围巾作为一个大色块可以当作桌布、沙发布或者钉在墙上，来装饰你的房间。我把从尼泊尔带回来的一条亮色围巾和珠片抱枕集中装饰在一个沙发上，看上去风格就特别协调，每次坐到这个沙发上就好像瞬间回到了尼泊尔。

● 羊绒围巾或披肩随意团起来或过多地折叠容易出现褶皱，挂起来是最佳收纳方式。

● 对于小块丝巾或棉线小围巾，可以用折叠、卷起来的方法收纳。

丝巾、围巾应该怎么收纳呢？可以挂在衣橱里，稍微轻薄一点的棉布、乔其纱类，推荐用丝巾挂架，宜家或者网上都有卖的，根据你的丝巾数量选12环或者16环的，单品按照颜色一排一排挂起来。厚重一点的羊毛、羊绒围巾，推荐用多层衣架，这种衣架就是挂钩一个，下面分好多层（如P154配图），收纳围巾很节省衣橱空间。如果你的丝巾、围巾是爱马仕等奢侈品牌的，建议用原包装盒装好。比较昂贵的丝巾、围巾记得和经济型的分开。我的独家收纳方法，还是之前介绍给大家的：把丝巾、围巾搭配到服装上，作为一身着装收纳到一起。我的想法是很理性的，如果你把手头30条丝巾、围巾都尝试和衣服搭配一下，发现其中5条无论如何都搭不出来，那这5条你就算给收纳好，未来你还是不会使用，所以可以考虑淘汰。

升级方面，建议大家根据自己的风格选颜色和图案，挑选真丝、羊绒材质的，这样的单品更容易长久陪伴你。

3.帽子类

帽子主要用来遮阳、修饰形象。如果你的帽子已经不符合你的年龄、气质，或者严重褪色、帽檐变形，就别再留了。

收纳方面，可以把帽子一个个地套起来，小号帽子上套大号帽子，放抽屉、衣橱高层都可以，或者挂在门厅挂钩上。也可以选择在衣架上添加配件夹子，把帽子挂起来。一个衣架上最多可以夹七八顶帽子。

对于大部分人来说，选帽子都不是件容易的事儿，想要找到合适的帽子，就是得多尝试。有时尝试三五十顶，可能才会碰上一两顶适合你的脸型、头型、发型的。

4.内衣、裤袜、吊带背心类

内衣一定要按照罩杯方向统一折叠。

内衣、内裤使用3—6个月后，就可以考虑淘汰。

收纳方面，内衣按照罩杯同一方向，一个个站起来的排列方式，用抽屉、专用收纳盒收好。如果你的运动内衣特别多，平时只在运动时穿，就把普通内衣和运动内衣分开放好。

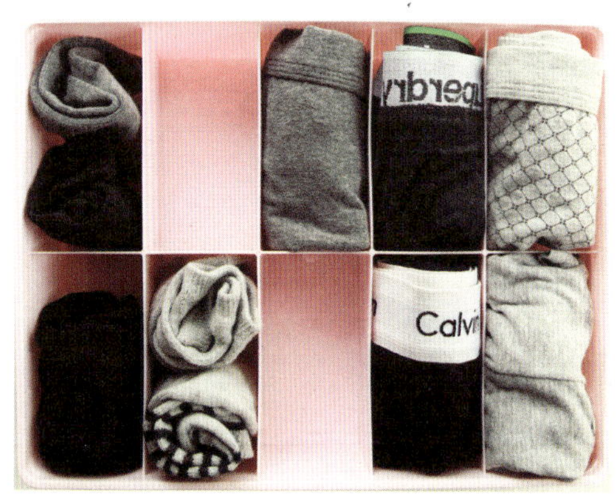

内裤用卷起来的方法收纳最简单，可以把内裤边缘标志冲外，方便寻找。

内裤和短袜算是一类的，收纳工具上建议选择坚固耐用的16格收纳盒，短袜一个盒子，内裤一个盒子。家庭不同成员的分开放不同盒子里。并且做到可视化，比如放到可以拉开的五斗柜或者衣橱抽屉里，保证对自己贴身衣物的尊重。收纳盒建议选择更坚固耐用的PVC材质，不选无纺布，因为无纺布用一段时间后很容易破掉，或者吸收灰尘，看起来很脏，也不方便清洗。如果你的衣橱空间有限，可以选择墙挂式收纳袋，通常都是16格的。这样你连保留多少条内裤、多少双短袜都不用考虑了——刚好16件。

长筒袜用多层衣架收纳最好，按照颜色一层一层挂好。

吊带背心最好按套挂在衣架上，因为吊带背心收纳得再好，你不拿出来搭配，永远都是闲置。

可能你会问，纸巾盒、鞋盒这种包装盒可以当成收纳工具吗？当然可以，只要盒子宽度、高度刚好和你的抽屉吻合，就能用起来。但收纳工具最好一步到位，选坚固耐用的。如果用那种特别薄的包装盒做收纳工具，用几次就坏掉，你还得花时间找替代品，反而麻烦。我个人不太喜欢把纸巾盒或者鞋盒当成收纳工具。

升级方面，建议买优质的内衣裤、袜子。有句话说：内衣的品牌要比外穿衣服的品牌高一个档位，你的内在要比你的外在更美。

5.腰带

腰带的存在是为了给一个人一身的着装调整长短和颜色比例的。已经裂开、褪

女士的长筒袜颜色、厚度略有差异，如果每次穿之前要一条条地找，也会有点头疼。不妨试试将它们挂起来，相比把每一条叠成团子式的收纳方法，挂起来后颜色、款式看起来更加清晰，方便寻找。

腰带可以用收纳盒专门收纳，适合放在衣柜中裤子的旁边，方便服饰搭配和拿取。

色、五金生锈，怎么都恢复不了原状的就别留着了。

腰带可以卷起来放在收纳盒里，或者每一条都配好衣服挂在衣架上。

腰带升级时建议直接买大品牌的，有品质的保障。

6.项链、手链、手串、小耳钉、胸针类

30岁前，如果你有一些随便在小摊、小店买的几十元的饰品，戴着玩玩就算了；30岁后，如果你不再需要一大堆便宜的饰品，就把它们淘汰掉吧。

● 随身携带的唇膏等小件化妆品可以和饰品、先生的手表等一起放在玄关的门厅柜处，两个人可以在出门的时候一起佩戴饰物，做最后的形象确认，同时还能互相提醒。

饰品类适合放在卫生间或者门厅柜。因为你出门前一边照镜子一边找饰品、检查衣服搭配是最方便的。有人喜欢把小饰品都放在一个大盒子里，看似都收纳到了一起，但找的时候还要在里面哗啦哗啦地翻，并且还容易缠绕到一起。有些人特别细心地把每件小饰品都放在塑料透明自封袋里，但这样反复地拿放也挺麻烦，而且袋子摞在一起，找起来也很费时间。

贵重的珠宝没必要和便宜饰品区分特别分明。100元的饰品和1万元的饰品都可以配同样一件衣服，只是风格不同。我个人建议把小饰品放在透明带盖了的分格收纳盒里。如果你的小饰品特别多，可以购买饰品店里那种木质透明玻璃首饰盒，可以透过玻璃盒盖直接看到有哪些饰品；而且这种首饰盒是丝绒材质的衬里，不会磨到饰品。选择差不多40厘米长、25厘米宽的首饰盒就行。如果你的收纳空间有限，可以购买饰品收纳袋，挂在衣橱门内侧。手串类的，可以挂在饰品支架上。

我喜欢把项链、手链、手串都挂在整套服饰的衣架上，只有耳钉才放在收纳工具里，这样搭配衣服的时候更一目了然。

完成现有饰品的收纳之后，未来作为超过30岁的女性，建议选择经典的饰品或真金白银材质的饰品给自己投资，让每一件饰品都能衬托你的气质。

7.手表类

手表从功能上看就是个看时间的工具，从装饰角度看又是一件首饰。

在选择的时候，品牌和设计是很重要的。还是看年龄：20多岁时，几百元一块的时装表还能戴着玩儿；30岁后，就要考虑手表的做工、质地和色泽是不是符合你当下的年龄、气质。

● 购买专门的手表收纳盒，不仅隔尘还方便拿取。

想收纳手表，可以买透明玻璃盖的木质盒，一个盒子里可以放4块表、6块表或者更多。平时手表盒放在门厅柜上就好。

未来大家在升级手表时，可以选择买更大品牌的，设计感更好、更美观的。选好了品牌，基本上就已经为你筛选出更好的手表材质了，质量上自然也有所提升。

如何整理小件衣物？

和宝宝一起动手整理儿童房，可以帮助宝宝从小养成物归原处和爱整理的好习惯，同时还增加了其乐融融的亲子时光。

10

亲子时光，
儿童房整理术

难度指数：★★★（最低难度1颗星，最高难度3颗星）

如果你是比较热爱整理的妈妈，日常生活中带着孩子一起整理，孩子就会耳濡目染，养成爱整理的习惯。如果家长自己都不整洁，那孩子难免也会邋遢。基本上去朋友家做客，观察一下他们家里的状况，就知道家中孩子各方面的自觉性、整理能力怎么样了。

相信谁也不愿意在有了孩子之后，因为东西变多了，家里就一切失控，变得乱七八糟，天天跟在老公、孩子后面捡东西吧。因为如果是这样，老公和孩子在整理上就一点都不会进步。记住，当你改变自己之后，身边的亲人都会受到正面影响。

作为家长，你学习了整理术，可以改善自己的生活；之后再教孩子，可以帮孩子从小学习自理，做力所能及的事，比如自己倒水，放玩具、文具等，从小培养孩子良好的生活习惯、做事方式、人生态度、思维方式等。学整理可以让孩子头脑变聪明，提高生活能力，学会尊重，跟物品好好相处，从大量物品中判断哪件才是自己需要的；还可以培养孩子的交际能力，让孩子更敏捷地观察环境，懂得为他人着想。

如果等孩子长大之后再学整理，就晚了。带领孩子学整理应尽早开展，避免孩子被一些不良生活习惯误导，因为负面的影响往往会跟随一个人成长，将来长大了要通过很多年的学习，才能从负循环走向正循环。

孩子学会了整理，能减轻家长的压力，让做父母的每天能拥有更多独处时光，专心投入工作、学习、家务。

好的开始是成功的一半。从孩子年龄线上考虑，开启孩子的整理教育越早越好，甚至从胎教开始。很多实践都证明，准备得越多，离成功越近。怀孕时多听平和、清爽的轻音乐，每天适当地整理房间5—15分钟。如果妈妈已经过上有序、内心淡定的日子，相信孩子的性格也会相对沉稳。

将孩子的物品统一放到他能够到的收纳柜中，让孩子从小做力所能及的事情。

总的来说，孩子0—6岁期间，需要多和妈妈在一起，所以可以在妈妈起居比较频繁的地方，比如说卧室或客厅的一角，安排孩子的固定娱乐空间。孩子需要妈妈的时候，能够快速看到和找到妈妈。在这段时间和孩子增加互动、交流，也能满足孩子童年内心安全感的需要。

孩子0—3岁时，可以边做整理边让孩子在旁边玩，让孩子观察妈妈是怎么整理物品的，用什么工具，有什么步骤。

孩子3岁时，可以开始让孩子一起参与整理，像做游戏一样和孩子玩，一起对物品做分类和归位。

孩子3岁之后，再逐渐巩固他的整理习惯。

6岁之后，孩子在小学低年级时，是养成良好学习习惯和生活自理能力的关键时期，学校里通常也有要求孩子自己整理书包、假期里帮助做家务等内容。这个阶段，可以让孩子拥有独立房间，给他自主权，让他学着自己装饰、整理房间。

经过一系列引导，帮孩子学会整理书包、文具、书桌、书柜、玩具，最后是整理衣服（孩子比较小的时候还是由家长先洗好衣服并收纳，只要求孩子做到把第二天穿的衣服叠好，放在床头就好）。

● 孩子的衣服在收纳时和成人一样也尽量都悬挂起来。由于孩子的衣服尺寸小，衣柜中会有空隙，家长们可以在图中标虚线的位置收纳孩子的部分玩具，把这些空间作为孩子玩具的“家”。

在和孩子一起做收纳整理，分为简化、规划、归类、归位、升级这5步。

第一步 简化

如果你已经给孩子购买了很多玩具、书籍，就要尝试和孩子沟通数量的问题了。因为物品的数量不可能无限多，往现在的柜子、抽屉里放东西，如果已经放不下了，就要引导他思考：有什么不要的东西吗？慢慢培养孩子取舍和选择的能力。告诉孩子物品不在多，而在于适合以及优质。定期跟孩子商量哪些衣服、玩具已经旧了，需要淘汰掉，避免衣服和玩具越来越多。指导孩子捐衣服、书籍等物品。

这个环节沟通技巧和态度特别重要，家长要最大程度地尊重和支持孩子对物品的选择，虽然东西是用家长的钱购买的，但拥有权属于孩子，如果他不同意淘汰，给他一些时间过渡。家长如果不够耐心，发现自己控制不了局面，控制欲爆发了，不和孩子商量，直接把东西私下处理，孩子发现之后难免会形成心理阴影，甚至对家长产生不信任感，不利

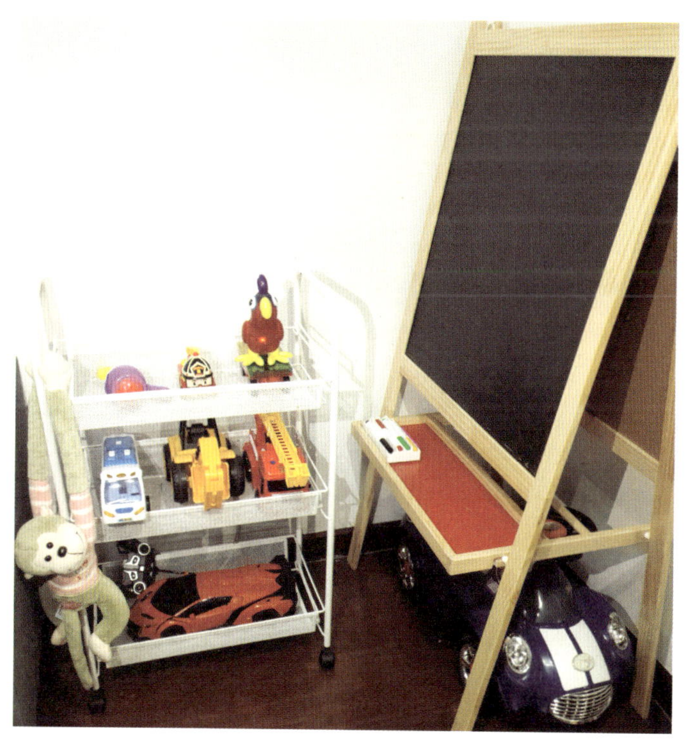

家长可以单独为孩子置办一个玩具收纳架，从小培养孩子物归原处和不随意丢弃的好习惯。建议大家在玩具收纳架上贴上中文、英文标签，可以在无形中教会孩子一些单词，帮助孩子记住一些形状。

于家庭关系的和谐。

作为家长也要改变思维，要从“扔掉东西很浪费”的思维模式，转变到“留着但是不能物尽其用反而更浪费”的思维模式。有人问，要不要从小教育孩子过极简生活呢？我认为不需要，因为从小给孩子灌输极简主义，可能会让孩子走上极端。

第二步　规划

儿童房是集学习、游戏、睡眠、储物于一体的房间，所以整理难度不小，需要合理地规划。除了孩子个人的房间，家里也要尽量留出孩子固定娱乐的空间。孩子可以在自己的房间里玩；在客厅固定位置给孩子留一个玩具箱，家长可以和孩子一起玩。家里房间多的话，可以给孩子设计一个单独的游乐室。收纳位置要在孩子的视线范围之内，这样孩子可以很方便地完成物品整理。在孩子年龄合适的时候，尊重他的选择，置办孩子的新家具时和他一起商量。玩具收纳方面，可以准备几个大容量的收纳桶，这样收纳好孩子的物品后，会感觉家里空间大了很多。在盒子上贴上标签，既方便收纳，又便于寻找。孩子的东西尽量不塞床下。

家长可以和孩子一起定好规则，把整理步骤分工，比如孩子需要做到用完物品后归位，玩完一个玩具再拿出另一个；对孩子讲清楚他负责整理哪些东西。一些规矩可以写下来，配上可爱的漫画贴在孩子房间明显的位置，更加容易让孩子理解。孩子如果很好地遵守了规矩，就给他一定的奖励。买几组翻盖收纳箱放在一处，或者是买个玩具收纳架，贴好中英文的双语标签，在收纳整理中培养他的认知能力。书架上也规划好最下面一层属于孩子，孩子自然就知道该往哪儿放。

第三步　归类

对于孩子来说，整理自己的房间，得先从分类开始学。孩子两三岁的时候就可以开始接受分类教育了，先分清楚哪些是玩具，哪些是书，哪些是自己的衣服等，然后才能收纳到合适的地方去。父母可以教孩子认识分类，比如：这个房间里哪些东西是红色的？哪些是三角形的？哪些是圆形的？把分类整理当成一个游戏。带着孩子学习区分文具、蔬菜、水果，把所有物品分成两类、三类，甚至更多类。孩子的物品做好分类后再固定在相应的位置，就很方便后期的归位了。以小学生为例，孩子的物品可分为5大类：

1.服饰：衣服、鞋、配饰类；

2.文体用品：课本、文具、图书、水彩笔、彩纸、乐器、跳绳、跳棋等；

3.玩具：毛绒玩具、积木、车、橡皮泥等；

4.纪念品：出游门票、孩子的画及手工作品等；

5.零食。

零食可以选择放在厨房而不是儿童房里。文体用品和玩具最好分两个位置放，这样可以营造学习的气氛，让孩子在学习时对玩具产生距离感。

第四步　归位

教孩子学习归位，可以用游戏的方式。基本的原则，肯定是告诉孩子东西从哪儿拿的放回哪儿去，玩完一样东西收好再玩下一样，东西放在固定的位置而不是随便放在每个房间，等等。更好的办法是，把归位当成孩子每天玩玩具时的最后一个游戏，就是把拿出来玩的一堆玩具，分类归位到固定位置去。家长可以把不同类型的玩具拍一张照片打印出来，贴在玩具箱上，这样孩子很容易识别，明白所有的积木都归位在贴着积木图片的箱子里，所有的毛绒玩具都放在贴着毛绒玩具图片的箱子里。通过游戏，让归位成为一件有意思的事情。

第五步　升级

将来给孩子购买礼物时，选择使用时间更长的。比如说买一个优质的挂钟，让孩子能学习数字、时间；买一个常年能用的书架、一幅值得欣赏的油画之类的。随着孩子年龄增长，这些物品能一直陪伴他。

● 儿童房以安全、舒适、有儿童游乐区为主。

最后，介绍几个引导孩子整理的原则：

1.不代劳

有的家长会抱有一种态度：孩子做不好，还不如我来做。尤其是隔代教育的老人，觉得孩子小，自己做太慢了，还做不好，等到长大了自然就会了。我们应该告诉老人这种想法不对，即使家长能做，也要尽早锻炼孩子的自理能力，让孩子多多参与，多多练习。其实整理会给孩子带来秩序感、条理感和成就感，让他们感到自己能掌控自己的生活。很多孩子在学整理的时候还会监督家人完成物品归位，从整理体验中获得荣誉感。

2.降低整理物品的难度

家长可以帮孩子规划好容易取放的位置，准备好体积合适的收纳盒并贴好标签。大人的东西整整齐齐、分门别类放好，但孩子只要能玩完玩具后都收好，书读完了知道竖着塞回书架而不是随手乱放，就是进步，要及时表扬、予以肯定，这是家长需要做的。

3.尽早开始，全家参与

家长要以身作则，家人共同营造一个好的整理氛围，尽早让孩子养成整理习惯，受益终生。

4.切忌盲目买买买

已经开始教孩子学整理了，就别频繁、盲目地买玩具回家，这会分散孩子的注意力，增加孩子学习整理的难度。

5.提高趣味性，别让整理变成一件苦差事

孩子天性爱玩，把整理物品设计成一个游戏，寓教于乐，需要妈妈们发挥自己的智慧。比如，与其干巴巴地命令说“把玩具放回去”，不如说“天黑了，玩具该回家睡觉了”效果好。孩子的天性、基础、接受能力不同，所呈现的整理效果不能强求，家长们要因材施教。

6.善于利用孩子的爱好

孩子都喜欢看动画片和玩游戏，那就顺其自然，带着孩子一起通过视频、游戏的方式完成整理教育。比如《樱桃小丸子》中有一集主题是“老师的家访”，讲的就是小丸子随意丢杂物，在家访老师面前丢了脸的搞笑情节。《小猪佩奇》中也有一集，讲的是家人分组比赛整理玩具。有一些App游戏或者是网页在线小游戏是整理房间的，比如巧虎的《家务小帮手》，这个游戏比较浅显，主要就是告诉孩子同一类物品要放在一起，衣服要放进衣橱，等等。可以通过游戏的形式先培养孩子的整理意识，再引导孩子自己动手整理物品。

7.注意沟通的艺术

引导得循序渐进地来，要多沟通，不要强求，以免犯拔苗助长的错误。整理前记得多提醒，整理后多监督、鼓励孩子，夸奖他的进步，少说否定的、负面的话语（这相当于给孩子贴上不爱收拾、不爱干净的标签）。

如何整理儿童玩具?

出行前将衣服、鞋子、洗漱用品等用旅行收纳袋分类装好，按照模块化、直立式的原则收纳到行李箱中。回程时如果有新购入的物品，再用卷起来的方式“插缝”进行填充收纳。

11

出门前不慌乱的行李箱整理术

难度指数：★★（最低难度1颗星，最高难度3颗星）

说到旅行，一定要提的是打包行李。很多人虽然对出行感到兴奋，却因为收拾行李而头疼，对要带哪种行李箱，带什么衣服，带什么小件物品，完全没有头绪。虽然我不是职业旅行家，但却有不少经验与大家分享。

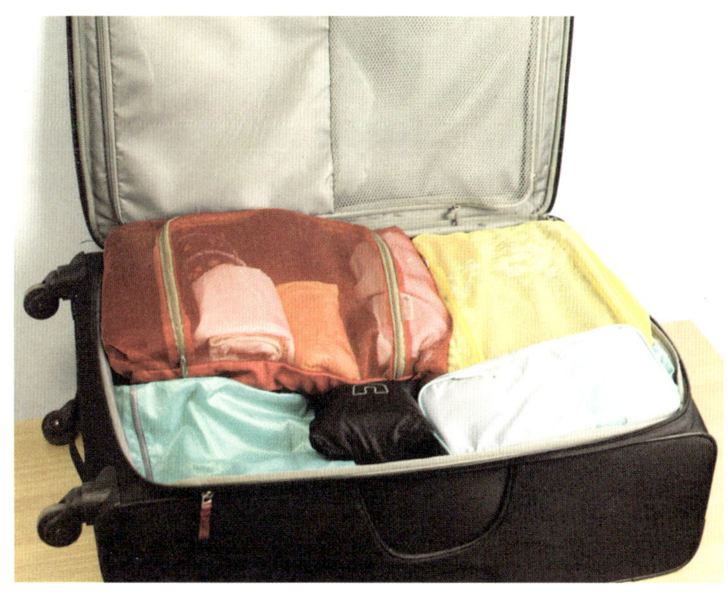

● 这是一个收纳完美的行李箱：各个收纳袋各司其职，不仅隔尘，又方便你快速找到需要的物品，而且让行李箱在打开后物品不会全部散落出来。

第一，旅行的收纳原则

1.我心中追求的旅行风格是“轻装前行”。携带必要的，放下可带可不带的是我的准则。你肯定是希望通过旅行收获美好回忆，那就不能被物品拖累。毕竟旅行路上的时间宝贵，每一个瞬间都不该错过。同一时间里，你选择做这件事，就要放弃做另外一件事，如果你因为行李过多，酒店退房前要花一两个小时整理行李，很可能就错过了一些风景。

2.出门前列清单，确保重要物品不遗漏。

3.提前收拾行李，可以让你从容不迫地出门。据我所知，身边一些朋友习惯临出发去机场前两三个小时才开始动手收拾行李。有些人是因为拖延症；有些人比较想得开：没带的东西找地方买就行了嘛。无论你属于哪一种，我都建议你在出行一周前列清单看关键物品是不是已经备齐了，可能还需要考虑是不是需要的东西家里都有，适当地买一些，比如去海边，自带防晒霜就比到了当地特意安排时间去买要节省更多时间。出门前24小时整理行李是比较合适的，既不会因为提前很久就收拾好了，等快要出门时又陆陆续续塞进太多东西，也不会因为时间太紧而缺东少西。

第二，确定出游的形式

出行之前要分清楚到底是出差还是旅行，旅行也要分成豪华游、休闲游。如果你是出差，那行李尽量从简，为了托运方便，可以选20寸以下的登机箱，东西少的话带个商务背包或手提包就行。因为旅途赶路，等飞机、火车的时候随时都可能接听电话、处理工作，把双手腾出来是最佳方案。

如果你是豪华游，要考虑到一路会购物，务必带上最大号的托运行李箱，选择抗摔的硬面材质。出门的时候还可以在最大号箱子里套一个中号箱子。返程时，托运回两个箱子就可以了。如果你是休闲游，就比较随意了，带上中号或者小号的行李箱，再加个休闲背包就可以满足需求。

第三，确定好同行人员

一个人的、和闺密或者情侣一起的旅行最洒脱，注意带上特别重要的个人物品，比如：隐形眼镜、女性卫生用品，爱美的带上卷发棒，重视皮肤护理的带上面膜，爱利用碎片时间或者需要打发路上时间的可以带一本书或者kindle、几张记录旅行思路的A4草稿纸和笔，等等。

你要是和爸妈一起出去旅行，要考虑他们的生活习惯，提醒他们带上保温杯、茶叶、药品甚至榨菜。因为子女和父母的价值观不同，最好分开整理自己的行李，如果有人提出需要帮忙，再提供自己的意见就好。

你如果带孩子一起出去旅行，要看孩子的年龄来做旅行规划。带4岁以内的宝宝出门，确实需要带大量物品。有时候怕孩子水土不服，幼儿主食、辅食都要带一些；还得带推车、背带，因为孩子小自己走不了太远。孩子4岁以上，可以利用机会让孩子学习行李收纳。

第四，推荐产品

1.证件包

出发时在行李箱之外配个迷你证件包特别实用。它可以帮助你在上飞机、上火车前把护照、身份证、卡片、零钱、发票、签字笔、草稿纸都收纳到一起。这样从出门坐车、打印登机牌、安检到候机、登机、下飞机完全一路通畅，不容易遗漏或丢失重要证件。

2.行李箱

材质上先分个类：

牛津布针织面料的行李箱，比硬PVC的行李箱能收纳更多东西。硬壳的PVC材质箱子视觉上更加美观，但是托运时容易出现凹痕和划痕。

我的行李箱把手上绝对会挂一个颜色亮丽的行李牌，这样下飞机领取的时候，能第一时间从行李转盘上找到自己的箱子，不用担心拿混了。我还习惯在行李箱外层收纳袋中放一把雨伞和一件行李箱雨衣；行李箱内侧夹层会放大号购物袋，可以用来放垃圾或者在当地买东西的时候用。

我一般坐飞机、火车、大巴的时候，会额外带一个轻便的软袋（如下图所示），安检后在候机厅把在飞机上要用到的东西，像电脑、kindle、润唇膏、纸巾、耳塞（睡觉用）、纸笔、零食等放在软袋里。登机之后随身行李放到行李架上，这些小物品就可以在飞行途中随时使用啦。

行李箱收纳原则：出门前箱子里最好有80%留白，方便旅途中买东西回来有收纳空间。回程最后一次整理的时候，大号的物品先放，小的塞缝隙；重的放下面，轻的塞夹层——基本上按照一个杯子里面依次放大石头、小石头、沙子、水的逻辑，就能放进去最多的东西了。

可以用尼龙材质的旅行拉链收纳袋，装好一次差旅要穿的内衣、袜子。

衣服：短途差旅一般3天，不需要带太多件衣服，准备一两身可替换来回搭配的即可。差旅5—30天，可以带3套以上衣服。通常，我会把固定用在旅行时穿的休闲服装提前卷成圆柱放在服装收纳袋里，再放到行李箱里；只有旅行时穿的沙滩凉鞋和平底休闲鞋也会放进行李箱里，相当于释放了衣橱和鞋柜的空间。如果是正式的职业装，我一定会用防尘袋装好，到了当地酒店入住之后，第一时间用衣架把职业装挂起来，基本上不会出现什么褶皱，第二天工作时就可以穿了。

鞋子：如果是两三天的短途差旅，可以带双拖鞋，出门时脚上穿一双方便走路、舒服的平底鞋就好了。长途差旅一两周的话，可以带两三双鞋子来回替换穿。

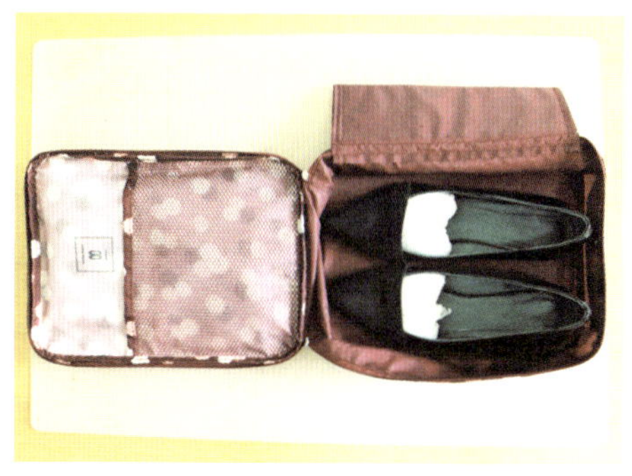

高跟鞋的鞋跟容易刮伤其他鞋子，所以建议单独收纳，或先放入鞋子防尘袋之后再放入收纳工具。

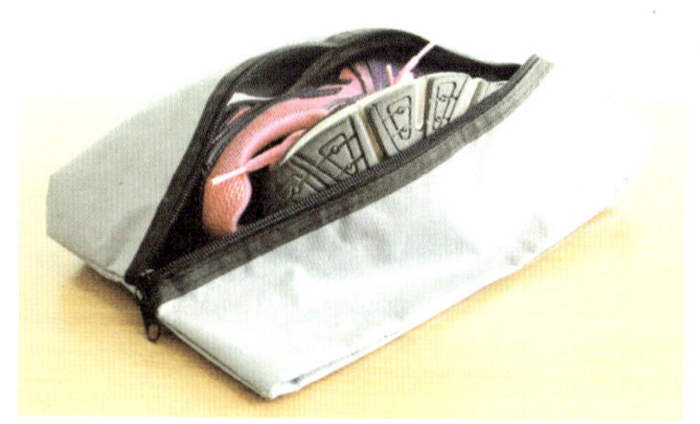

不怕挤压的鞋可以用收纳袋叠放收纳。可以购买图片上这种尼龙质地的收纳袋，有防水隔尘的效果。

饰品：以前我比较懒，只带一套项链、耳钉、手表出门，拍的照片天天一个造型。现在对形象要求高了，还是要追求丰富性的，大家根据各自的需求取舍就好。

洗漱用品：推荐你选择50ml的旅行套装。可以买统一的分装小瓶，放洗发水、护发乳、浴液、润肤霜，既节省空间又不沉。

另外洗漱包里可以带个S钩，这个小工具轻便好携带，不占地儿。因为酒店中不一定会提供足够的衣架，有了S钩，你可以把东西挂在任何地方，随时晾晒衣服。

药品：经历过几次旅行后才发现，刻意带的那些感冒药、消炎药派上用场的机会不多。黄连素在专门吃海鲜的城市，还是可能用上的。根据你自己的情况来带药比较好。我的建议是带一瓶薄荷膏，晕车、晕机、头疼、蚊虫叮咬一瓶通用。

女性最好经常喝温水，建议带一个保温杯，尤其是在候机大厅和飞机上都用得上。

● 建议大家攒一些小的塑料袋，可以在出差的时候把首饰很好地收纳起来，以防丢失。

● 男士、女士的旅行洗漱用品要分开收纳。各人选择自己喜欢的洗漱包款式即可。共同点在于都以防水面料为最优选择，洗漱包带把手可拎、可挂、可放桌面。女士携带的物品种类、数量比男士更多，分清洁、护肤和化妆，单品容量不超过50ml，这样坐飞机时，托运或者登机都没有影响。

3.箱内收纳袋

在网上可以买到很多种类的行李箱内收纳袋，有透明自封袋，也有抽绳收纳袋。收纳袋可以买一大套，分XS、S、M、L不同大小。推荐大家选收纳袋时，找一面透明一面磨砂的，因为放内衣、内裤或者其他私密性的物品时，可以把不透明的一侧冲外。这样万一遇到抽查行李的时候，不会因为私密性物品被看到而觉得尴尬。

透明塑料自封袋，宜家也有卖，平时可以当保鲜袋，很实用。家中没有布质收纳袋的话，也可以用这个来代替。

● 贴身的内衣内裤需要保持卫生，所以建议单独收纳；袜子小，如果随意地塞起来，容易找不到，所以也建议单独收纳。

4.其他包类

随身携带类似Long champ的尼龙折叠包也是不错的选择。这种包不用的时候叠起来，携带容易，不占多少空间，随便往行李箱内侧一塞，用的时候打开就可以。这种包的自重很轻，背起来没有压力。

第五，列出你的物品清单

最后我列了一份1—2周，长途旅行可能会需要的物品清单供你参考。

出行前期准备：整理好重要证件、保险单、酒店预订单、机票行程单的电子版，手机安装好和这次旅行相关的App。

临出门前一天准备：个人常用药、当地货币、银行卡、信用卡、重要文件等。

打包行李：（配行李牌的）拉杆箱、双肩背包、贴身小包、钱包、3双鞋子、首饰、3—5套外穿衣物、内衣裤、袜子、睡衣、围巾、帽子、手套、太阳眼镜、普通眼镜、毛巾、剃须刀、牙膏、牙刷、梳子、沐浴液、洗发水、洗面奶、防晒霜、面膜、爽肤水、乳液、面霜、润唇膏、各类彩妆等。

电子设备：Kindle、iPad、笔记本电脑、电源、转换插头、手机等。

摄影设备：相机、镜头、读卡器、存储卡、相机包、三脚架、滤镜等。

其他用品：水杯、便携水壶、钥匙、干／湿纸巾、卫生巾、笔记本、笔、雨伞、雨衣、指甲刀、充气枕、眼罩等。

另外，出行前一刻要关好门窗，倒垃圾，收好家里的贵重物品，拔掉家用电器插头，等等。

如何整理行李箱？

Chapter 3

整理你的内心

春楠的原创手绘

- 只有清理了心灵的垃圾，才能轻装前行，迈向幸福生活。

01
家中的垃圾清理了，你的内心呢

整理是一项软技能，是把你身边的物品、时间、人脉、资源等重新排列组合再分配的过程。整理好了你在用的物品和你身处的环境后，会极大地提升你的满足感和幸福感，让你对未来的目标更加清晰，提升你对一件事做决策的能力。

我们为了房屋的整洁，每天都应该清扫房屋，但心灵的房屋你有没有时常照料，定时清理呢？如果你在遇到烦恼的时候不知道如何解决，找不到核心问题在哪儿，甚至觉得生活一团糟，就是你心灵中的垃圾太多了。

左起：春楠的老公、父亲、母亲、春楠本人

先来讲述一下我自己的故事吧。

在我自己的人生中，曾经有很长一段时间处于低谷，从16岁左右一直到30岁之前，这14年中的状态都非常糟糕。我的父母是典型的双职工，我从出生到15岁左右一直是在奶奶家，大概一两个星期才和父母见一次。在这种生活中，我平时更多的是一种自我管理的状态，但没想到因为奶奶家拆迁，我的生活发生了天翻地覆的变化，我每天面对的不再是慈祥的奶奶，而是严苛的父亲。从此我进入了一个长达14年的青春逆反期。我的父亲喜欢用自己的观念来影响我，甚至包括我大学应该选什么专业，毕业后应该去什么公司上班，他都希望我按照他所设定的路线来走。我从来没有设计过自己的人生路线，不知道自己未来应该是什么样子，也不知道天天朝九晚五去上班是为了什么。**当30岁来临的时候，我变得非常恐慌。那个时候的我十分平庸，无论是与人沟通的能力、写作的能力还是自我管理的能力都几乎为零。**当时恰巧公司整改，我面临着被辞退的情况，才突然意识到，自己过去毫无积累，已经无法适应这个社会的发展了。另外，我在感情上也一直不顺利，但到了年龄，父母又开始催我找对象结婚生子。每天和父亲相处都没法达到其乐融融的状态，跟自己相处又对自我没有认知，我当时的生活简直是一团乱麻。

在我发现自己几乎是一无所有的时候，一看身边的同龄人，有人找到了自己的事业，收入很高，有房有车；有人组建了幸福美满的家庭，结婚生子，宝宝一天天长大，而我却像一个被社会所边缘化的人。我觉得我浑身上下每一个细胞都是不愉快的，每天的情绪都是负面的，走在路上都觉得自己身体很疼痛，甚至有时候是哭着醒来的。梦里经常是人还在学校，马上要准备考试，十分焦虑，后悔之前怎么没有好好学习，直到惊醒才知道一切并没有发生。

人在不开心时，往往会用几种方法尝试解决问题。首先是找身边的人倾诉，当一切压得我无法喘息的时候，我突然想带着这种痛苦去找找原因，我想终结掉悲观的情绪。我从身边的人开始，向父母寻求帮助，花了很多时间描述问题，但那么多年来家庭关系不和睦，父母也无法体会我的痛苦，他们觉得这根本就不是事儿，甚至建议我上医院看看。父母帮不了我，我就转向亲朋好友求助，可能有那么一些人愿意拿出时间来倾听我的故事，但很多人本身也没有经历过这些，没法给我什么帮助。如果我说得多了，有些人还会把我当成“怨妇”看待，慢慢疏远我。最后我找到了同事，这本身就是我当时缺乏社会经验的一种体现——同事是最不应该选作倾诉对象的，这会导致一些个人隐私和烦恼被传到领导耳朵里，会影响领导对你的印象。乱找人倾诉是非常不明智的。

在向父母、亲友、同事倾诉一一受挫后，我又开始尝试旅行，认为一些没有想明白的事情，可以在路上一个人好好地思考，清楚自己下一步该干什么，自己人生的路线可能就会明朗起来。记得2011年，我把所有的节假日都用来旅行，一年去了12个城市，却依然没什么收获。因为一个人在三观都不明朗的情况下去旅行，每到一个地方无非就是吃吃喝喝，大脑并没有接收到有用的思考指令，只能说是用短时间换换心情的方式来放松一下麻木的自己而已。旅行结束，回到现实后，问题还原封不动地摆在那里等着我。

在以上方法都不适用，反而起到一些反效果后，我变成了一个自闭的人——天天除了朝九晚五地上班，就是吃饭、睡觉、看碟，假装忘记问题和痛苦的存在，自欺欺人。

就在马上步入30岁的时候，我开始通过整理物品，一步步行动起来，之后又重新鼓起勇气来整理内心世界。我想要一步步自我探索，为自己设定一些目标，去尝试一些以前没有试过的东西，于是突然发现一个人活在世上，其实要做的就是自我探索和自我发掘，因为你只有不断壮大自我，才能解开每一个心结。这个过程很像剥洋葱，每一层都会暴露出不同的问题。而我们每个人在解决问题的时候也要循序渐进，分层次完成，先从简单一点的入手，之后再触碰更难的，不要让能量一下子耗完。我就是这样一点点和那个平庸的自己告别的。

然而，从小到大所有的负能量都已化作心灵垃圾沉淀在我的内心中，要想彻底摆脱从前的自己和不开心的回忆，第一步就是要学会清理心灵垃圾。

心灵垃圾中占极大比例的是情感历史遗留的产物。对一个人影响最深的，最早是父母，然后可能是爱人。请你回想一下，现在内心是否有一些需要处理的情感问题但一直堆积着？我和父亲之间的矛盾一共积累了15年，很痛苦。31岁时读到一本书《中毒的父母》，我领会到，原来世间没有任何父母或者子女是完美的，大家都在成为子女、父母的过程中不断地学习着，每个人都尽力了。于是我原谅了父母和自己，一方面不再对他们提出任何要求和期待，另一方面对父母表达了爱和尊敬，于是和父母之间的冰山也融化了，重新恢复了融洽的关系。

1.再见，前任

除了因和父母关系不融洽而产生心灵垃圾外，很多人面对亲密关系时也因为没有太多经验而导致“内伤”，尤其在一段感情结束时处理得特别仓促，方法不当，会让人很受伤。很可能你受到的伤害就会变成垃圾，一直堆在你的内心深处，随着时间开始腐烂发臭。结束一段感情后，我做了两件事。第一件事，是处理掉前任的“遗物”。所谓的“遗物”可以是和对方相处时遗留的某个本子，或者对方送的一件礼物。一件物品带有幸福的回忆，还是痛苦的回忆，自己心里最清楚。**如果你也有前任“遗物”还没有清理，我建议你整理出一份清单，把那些东西一口气扔掉。那些东西消失了之后，你就会像排了毒一样，神清又气爽。**第二件事，就是把你的前任的名字和电话写下来，和他们认真地告别。

我曾经从家里跑出来，躲在车里，花了两个小时打电话，和以前的感情告别。整个过程并没有想象的那么难，因为所有能说出口的话都不足问题，当你能说出“当初我们分手比较仓促，现在我已经真心放下了，祝你幸福”时，你和对方都会感到释然，你会好像丢了一个包袱一样，只有这样内心的结才能真正被解开。

人每天都会有新陈代谢，每天的想法也会有所不同，今天如果你觉得不再需要一件旧物品了，你应该尝试在当下对它进行清理，慢慢地你就学会了把自己房间中堆积很久的东西一步步整理清楚。无论是对感情、对人还是对物品，我们都应该完成“告别”仪式。

2.正视恐惧

一个人经常习惯性忧虑、胡思乱想的话，日积月累也会形成心灵垃圾，让原本清澈的内心变得混浊不堪。担忧的根源是内心对世界的恐惧，没有安全感。人生最大的6种恐惧是对贫穷的恐惧、对批评的恐惧、对生病的恐惧、对失去爱的恐惧、对年老的恐惧、对死亡的恐惧。如果这些我们都不怕了，内心就会变得无比强大。无所畏惧，每一天的时间就不会只用来想，而是放手去做。这样，你的生活一定会发生巨大改变的。

恐惧箱是我从2012年上半年开始使用的一种工具，非常简单，容易上手。现在，请你拿出一张纸、一根笔，把你心里害怕的事情都写下来，放在钱包里，或者常用的抽屉里，过3—6个月拿出来再看下，结果往往让你会心一笑，**你所担忧的事儿真正发生的不足20%，就是说80%以上都没有发生。**我通过反复做1—3次“恐惧箱”梳理的试验，发现大多数人都可以抛弃不必要的忧虑。

很多人在尝试了之后说，以为心里没藏着什么恐惧的事情，结果拿出纸笔开始写之后，才发现惊人地写出了很多。

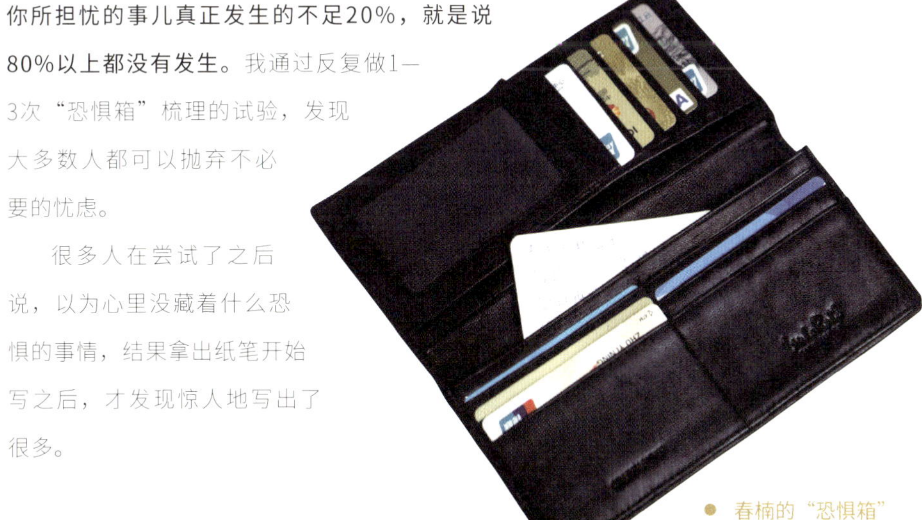

春楠的“恐惧箱”

3.直面失败

用不同的方式看待困难、痛苦，会让人的命运有不同的结果。获得了“恐惧箱”的帮助之后，我在30岁时重新看《西游记》也获得了不少启发。《西游记》里，唐僧师徒四人遇到了不少艰难险阻，才取得了真经。我突发奇想，利用Excel表格，写了一份“九九八十一难”清单。表格中列出了我从小到大遇到的各种坎坷。在表格中，我写下了序号、时间节点、年龄、当时发生的事件、事件的原因、预防措施以及事件的类型，下面的表格就是其中的一部分。

“九九八十一难”清单（部分）

序号	时间段	年龄	事件	原因	如何防备	类型
1	1985年	3岁	去公园掉河里	无人看管	自己有孩子之后，少带他去河边	意外
2	1988年	6岁	腮腺炎动手术	儿童容易生病	自己有孩子后，要积极预防	健康
3	1996年	14岁	左膝盖缝针	身体弱	日常加强健身，自己有孩子后也要让孩子健身	健康
4	2001年	19岁	宿舍矛盾	不擅长人际沟通，产生误会	真诚待人	人际
5	2004年	22岁	上班或者创业的矛盾	与父亲关系不合	让孩子从小了解自己要做什么，去做想做的事情	规划
6	2011年	29岁	耳鸣	压力大	学会定期、定时休息，让生活有留白	健康
7	2011年	29岁	莫名遗失单位几百万的发票	生病加物品混乱	注意身体、做好日常整理	健康 规划

按照记忆中的碎片，我一共列了20多件事，写的时候虽然只花了1小时，可仔细回想时却每一分钟都备受煎熬。这些事情以前在我大脑中只是偶尔盘旋一下，勾起不愉快的伤感

回忆，我知道不能总活在受害者的角色里不能自拔，只能马上假装忘掉。它们就这样一直舒舒服服地待在潜意识仓库里，从来没有真正消失。当我终于把它们写下来之后，我发现内心产生了更多勇气，也增添了一份将它们打倒的自信。

最让我吃惊的是，我居然在同一类型的事情上有过14次跌倒的经历，都说事不过三，如果能提前列出这份清单，正视曾经的坎坷，很可能至少有10次跌倒是可以避免的。好在我已经学会勇敢面对过去，将来再遇到类似问题时，会选择用更明智的方法处理，不再重蹈覆辙。

可能很多不愉快的经历你以为都淡化了，但其实它早已在你的内心深处生根发芽。心灵是一个“小家”，也需要定期整理，这样才能还原一个真正的你，让你的内心保持清澈。

麻烦不断的生活才是真实的游戏规则

*音频内容请静静欣赏

02

和从前的自己聊聊，找到人生方向

和从前的自己聊聊，不单单是回顾过去每一个人生的关键时刻，更是通过这个过程学会放下自责、悔恨等负能量，在过去的时光中汲取养分，勇敢向前走。

面对自己是困难的，大部分人宁愿选择糊涂，也不想清醒面对自己，不想为活“坏了”的生命负责。可你必须去梳理和挖掘过去，才能明白自己是怎么一步步长大的。深入了解自我，做内在挖掘，是持续一生的事情。而且，当我们回顾过去时，往往能从中获得能量。

下面我就来介绍一下梳理、探索自我的方法。

1.照片回忆法

有一天我在整理房间的过程中，找出了八九张以前照过的1寸、2寸照片，立马决定要贴在空白本上，在每张照片下写上对应的年龄。一张张照片看似渺小，其实是你人生的缩影。我一个人坐在屋子里，望着一张张小照片时，过去的经历像一幅幅画一样，浮现在眼前。有反思，有遗憾，也有后悔和泪水……原来，从照片中读出的人生往事，也能帮助我们学会接纳自我。

拿起一张我幼儿园时候的照片和一张小学时候的照片——那时候的我是个有着温柔脸庞的小姑娘，童年算是比较顺利地度过的，这个阶段是父母陪伴我最多的时候。因为被用心地培育，我的童年挺幸福的。父母带我参加过体操班、舞蹈班，也带我去学过书法、绘画等。

再拿起另外一张照片一看——一脸气呼呼的样子，特别难看，而且很像男孩子。一个16岁、正处于花季中的姑娘在镜头里为什么是这个鬼样子？

其实这张照片折射出了我那糟糕的高中3年，问题出现在家庭关系处理上。叛逆期时，我一直和家人关系很差，不开心。我变得脾气很大，常皱眉头，感觉压力很大，为了逃避

● 春楠的照片回忆法。

现实，每天沉迷于电脑游戏，耗费了大量光阴，影响了高考。

放下16岁，再拿起一张照片，这是一张表情呆滞、无神的脸。照片里是我22岁大学毕业时的样子，混沌的大学4年，过得很糊涂，没好好学习，延续了高中时破罐破摔的状态，没给自己积累下来任何美好回忆。

放下22岁，又拿起一张照片，这是我在24岁时，第一次和朋友一起去拍的大头贴，长久不笑的脸和生硬的表情又给我的内心致命一击。

记得22—29岁，是我浮躁的8年职场生活时期。基本上这8年里，我没觉得工作带给我任何快乐。那些年我一直对自己的状态不满，但又发现自己似乎什么都改变不了，干脆就逃避现实，选择压抑自己：每天早上不愿意起床，不想去挤人山人海的地铁，总是带着怨气去上班，下班后回家就看光盘、上网，好像世界和我脱离了关系一样。我看过的美剧、日剧、韩剧、港剧光盘至少有300张，还不包括从网上下载的几百集各类综艺节目，最宝贵的几年时间就那么离我而去了。

放下24岁，终于找到了一张自信的笑脸，好像终于有了对人生充满希望的样子了。

剩下的两张是我最近几年拍下的照片，从幼稚到走向成熟，我用了太久的时间。在30岁前，我收获了一份宝贵的礼物，那就是心智的开启。我终于意识到如果没有前期的人生低谷，也许就不会有现在的人生高峰。我以前也抱怨过怎么开窍这么晚，内心特别不平衡，因为身边有很多人在20岁时就找到了人生的方向。终于有一天，我不再纠结了。因为自己的人生是由自己感受和把握的，不应该羡慕别人，别人过得是好是坏，和你一点关系都没有。

现在的春楠脸上多了自信的笑容。

2.7年大换血

过去没有关注过“7年的门槛”这个概念，通俗地说就是从1—7岁，8—14岁，15—21岁，22—28岁，29—35岁……每一个7年都是一道门槛。我于是冒出了个念头，拿出纸笔，对过去每7年做了回忆和梳理。最初我完全是反感和不愿面对的，在不断地鼓励自己和尝试往回看后，才慢慢把过去的人生拼图组合了起来。

首先要从出生开始梳理，学会肯定自己。

像我的第一个、第二个7年——1—14岁都做得不错。我小时候是个很乖巧的孩子，一直在一步一个脚印地学习各种文化知识和才艺，靠努力从小学考到区重点中学读初中，前14年时间完全没浪费。我知道要完成小学学业，毕业后要去一所好中学。在回忆这段时光时，我心里又踏实又满足。

第三个、第四个7年我觉得过得不好，也特别不愿意提起高中、大学、上班时期发生的各种事。这14年间，我无目标，无计划，无行动，无反思，浑浑噩噩。

第三个7年——15—21岁，高中与大学期间。

我逆反的高中阶段是这么度过的：中考成绩是很好的，15岁初中毕业，暑假结束后，直接开始了在高中的学习。但因为一个事件，人生一下子发生了转折。

我从小是在奶奶家长大的，当时奶奶家要拆迁，我得从习惯的生活、学习环境离开，搬回父母家里去。还没来得及适应高中的课程内容、学习方法、新同学人际关系，我就已经要去处理和父母一起生活出现的各种矛盾了。其实问题只出现在和我爸之间的关系处理上。在这个过程中，我自暴自弃，逆反心理达到顶峰，把全部的精力都用来玩电脑游戏，来逃避生活不愉快的部分。那时候我每天面无表情、蓬头垢面，只想混过高中时期的每一天。我不像别的同学那样关注自己今后的学业，不知道高中毕业后是要上大学的，也不知道上大学是干什么的，我对一切都漠不关心，就觉得日子过得太慢。后来我才明白，不开心的日子，总是给人特别漫长的感受。

好不容易，挨到了高三毕业。大学的前两年，我过得很糊涂，没有好好学习，和高中时一样，没有积累下来任何美好回忆，也没有任何日后可参考的经验。不知不觉到了2004年，我毕业了。

第四个7年——22—28岁，开始工作了。

外企时期：我从2004年8月起在诺基亚当上了秘书，直到后来离职，这不到2年的时间，我天天骑着电动自行车，早晚来回3小时穿梭于北京东二环到东三环。这期间，我没有实现太多自我价值，没有娱乐，只有工作。

国企时期：这个7年剩下的岁月，我跳槽到了一家国企，做着各种不喜欢的工作。有时候在想，我人生最浪费的阶段是高中和在国企上班，惊人相似的都是回家之后扎在游戏和光盘中。第四个7年就这么结束了，可以说是完全浪费的。我不喜欢这两份工作，但也不知道自己喜欢什么，内心混乱，不懂表达，天天抱怨。

第五个7年——29—35岁。

经历了不愉快的14年，我不能再忍了，终于迎来了心智开启。**所谓心智开启就是你突然开始为过去蹉跎岁月感到着急了，好像一阵风吹过，把一层乌云推开，让你看到了远方的灯塔，知道了自己的人生要去追求一些幸福的目标。**从29岁起，我有所进步，能去关注每天的个人成长，我用小学、初中的学习劲头来推动前进的步伐，不断做加法。

梳理每一个7年之后，我相信每个人都会有不同的反思，这是一个对自身再认识的过程。你会知道自己哪些年是努力的，哪些年是减分的。也许我的经历算是比较典型，和一道算术题一样：第一、第二个7年一共加14分，第三、第四个7年一共减14分，29岁开始每年加1分。

大家可以用这个公式去量化一下你的人生质量。无论你现在是几分，都请坚持下去吧，每认真地过一年，就给自己加上分量满满的1分。这个世界上，只有你自己才会知道，每一分都是怎么获得，而每一分又是怎么失去的。

拿出一张纸、一支笔，计算一下你自己的人生质量吧，相信做这道算术题时，你会有满足、有遗憾，更有感动。通过梳理每7年的人生经历，我们会逐渐清楚自己是谁，知道自己喜欢什么，要过什么样的人生。

回到过去，寻求智慧的对话

*音频内容请静静欣赏

03

直面你的优点与缺点

每一个人都有天赋、优势，只是你可能还不了解，还没有把它们开发出来而已。

近藤麻理惠，作为一位30岁创业的女性，撰写的书籍《怦然心动的人生整理魔法》，将整理这个行业词语变成了世界潮流，帮助很多人开始整理，改变了外部环境和内心，她也因此被评为2015年“世界100位最具影响力人物”之一。

吉田穗波，每天3点起床，用极端严格的管理方法成功申请到哈佛大学进修，同时家庭、学业双丰收。

世界上有很多优秀的人让人钦佩，你不妨花一天的时间来思考下，你认识多少位极其优秀的人？你评判他们优秀的标准是什么？他们都在哪些行业做到了极致或者是行业领先的地位，甚至开创了某一个行业？那些你认为特别优秀的人都拥有哪些类似之处呢？你认为自己是个很优秀的人吗？

我相信大多数人都没有想过这个问题，是时候考虑考虑了。优秀的人通常实现了财务自由或者距离财务自由十分接近，且物质、精神富足；优秀的人拥有很多荣誉，比如畅销书作家、某某城市“十大优秀青年”、某某比赛冠军等；优秀的人到处都有朋友，人脉广；优秀的人博览群书；优秀的人很自律；优秀的人拥有知识体系框架、清晰思维模式和良好的沟通能力；等等。

很多人都认为自己一身缺点，没有多少优点，或者认为成为一个优秀的人太难，自己不具备那些进入上升通道的资源和能力。和以上优秀人士的核心优点相比，也许，你感觉自己的优点没那么多。其实优点很像藏在落叶下的宝藏，落叶是我们的缺点，我们需要做的是扫开落叶，把优点逐个挖掘出来。

很多人就像过去的我一样，长期缺点和坏习惯缠身，看起来就像一只浑身是刺的小刺猾，天天自我封闭，把无知当天真，不自信，内心压抑，对外界事物一概不感兴趣，始终感觉麻木和不开心，不想和同事、亲戚、朋友接触。时间一长，成长停滞了，大把青春被耗费掉，才知可惜。一个想改变的人必须不断增加优点、培养好习惯，用优点和好习惯去替换掉维持了很久的缺点和坏习惯。只有这样，我们才会逐渐成为我们想要的样子。

在成为你想成为的人前，首先要做到的是了解自己。请用纸笔列出自己当下的优缺点、好坏习惯。真正能清楚了解自己优点的人非常少，但每一个人都能很清楚地指出自己的缺点、不足。在你列完清单之后，再定期回顾，看看自己一段时间的变化。

我用了2年的时间，学会了把14种缺点和坏习惯变成优点和好习惯。

“缺点变优点”清单

序号	缺点	优点
1	只知道批判	懂得称赞他人
2	小心眼	懂得释怀与原谅
3	习惯将责任推给他人	失败时能承担责任
4	常常说要写日记，但总放弃	坚持写日记
5	总是怒气冲冲	总是充满欢乐
6	常暗地里希望他人失败	希望他人也能成功
7	不知道自己想干什么，从不制定目标	主动制定目标与人生计划
8	自以为是	不断学习
9	循规蹈矩、安于现状	寻求改变与自我突破
10	每天看电视	每天看书
11	觉得一切都是自己应得的	心怀感恩
12	害怕改变	拥抱变化
13	拒绝与他人分享信息和数据	会与他人分享，并享受分享带来的快乐
14	对他人品头论足	愿意交流想法

只要我们有意识地去发扬优点、摒弃缺点，就会在短期内有巨大的改变。

学会分析自我，了解自己能做什么，不擅长做什么，是人生中一件相当重要的事情。

从2004年开始，我陆续工作了10年。这10年中我都搞不清楚自己的优势在哪里。在这个过程中，我尝试过各种迷信或者比较科学的测试题，意图找出所谓的先天优势和后天优势等。后来，我看到了日本职场“女神”胜间和代推荐的《现在，发现你的优势》这本书，作者是马库斯·白金汉。这本书中凝聚了长达25年，耗资数百万美元的研究成果，提炼出最普遍的34个主要人类优势和成千上万的组合对一个人的影响等。书里有附送的优势测试题序列号，可以用它到官网上去做优势评测题目，30分钟左右就能得到一份详细报告，帮你从大量人类优势关键词中找出你最突出的前5项个人优势。大家除了通过《现在，发现你的优势》来了解自己的优势外，也可以自己列出自己的5项优势。

下面是我的5项优势，给大家做个小示范：

1.行动　2.专注　3.理念　4.前瞻　5.交往

得到了5个优势关键词之后，怎么样解读呢？最简单的方法就是根据你现有的人生阅历，或者发生过的一些特殊事件对照验证，比如说：

1.行动（我总是速战速决，想到就做，哪怕最初的版本不够精致，或者尝试失败了，也不觉得很伤心，因为我并不追求完美。这样往往有了想法后很容易落地，大多数进步的根源也是我先去实验了，所谓实践出真知。）

2.专注（专一，我经常坐在电脑前办公几个小时，会忘记喝水、吃饭、去卫生间。）

3.理念（我喜欢做独特的事情，与众不同，有很多创意迸发，适合新产品开发。这项优势也许和曾经有14年成长叛逆期有直接关系。）

4.前瞻（我擅长制定目标和规划，如果不做，会觉得缺少安全感。）

5.交往（人脉资源积累快，因为我真诚对人，从不遮掩，大家和我相处比较舒服，所以人脉圈建立的速度比大多数人快。）

天赋、优势是可以在不同行业、职业迁移的，无论是上班、做自由职业者或者创业开公司，都可以获得施展，只是发挥程度不同。比如说，对于在公司上班时期的我，以上5个优势，并不能完全施展，因为每当我对于未来的业务发展提出新点子之后，公司可能会提出否定意见，这让我无法专注地去开展下一步行动；而且一家企业的人脉圈有限，也发挥不出交往的优势。久而久之，我的积极性受到打击，干脆自暴自弃了。好在，我后来一步步脱离体制，成为自由职业者；再后来组建团队，成了一名创业者。

除了优势，也要明白你的劣势在何处。劣势相对很好梳理。

第一步，对过往在校园、职场、情场的各种经验来一次回忆和反思。

第二步，把那些年惨不忍睹、重复犯错、跌跟头、长期付出努力却无成效的血淋淋案例都找出来。

第三步，做个分类汇总。你马上会看到，啊，原来我确实不适合做这些事情啊，为什么我总是在这类事情上一直不撞南墙不回头呢？其实，与其在前进的路上一直被一些大石头拦着动弹不得，不如绕过大石头，不和它较劲，再按照既定路线坚定地走下去。

我的5项劣势示范：

1.缺乏理论（想到就做，依赖行动结果验证想法，不习惯先寻找理论依据。）

2.耐心不足（长期做重复事情，比如说朝九晚五坐班工作会觉得枯燥。）

3.体贴不足（较少考虑他人感受，缺乏服务意识。）

4.算术不好（记账、做账等和数字打交道的事，能避免就避免。）

5.考虑不周（常常一门心思做具体事情，忘记或想不到做一件事可能导致的结果及隐形冲突，情商需提高。）

通过了解自身优势，能了解自己做哪些事情相对回报高，付出少，事半功倍。没有人能亲力亲为，把所有事情都做好；也没有人是十全十美的英雄，不需要苛求自己什么都会做，什么都要完成。知道了哪些相对擅长，哪些可以勇敢地拒绝，哪些可以授权给他人，哪些可以邀请他人来协助，人生一定会顺利很多。你轻松了，成就却多了。

从缺点满身到优秀自信

*音频内容请静静欣赏

04 主动整理，修复家庭关系

幸福的家庭是相似的，关系不和睦的家庭却有不一样的故事。每个人多少都会有些来自原生家庭的问题。所谓的原生家庭，是心理学中的常用名词，也就是指你和亲生父母组成的家庭。也许在你和父母相处的过程中，存在长期无法解决的问题，你为此苦恼万分；也许你也尝试努力了，可一和父母接触，就会特别容易爆发冲突；也许你在其他方面都有不错的发展，但仅仅在家庭关系上不愿正视问题。直面问题，会帮助你快速改变和华丽转身。个人问题并非全都是家庭问题，家庭问题更并非全都是父亲或母亲的问题，每个人都得学会面对复杂的社会问题。作为一个终于跟原生家庭和解的过来人，我在我的故事中总结出的经验如下：

1.避免冲突和争吵

从高二起，我有意识地去否定发生过的一些冲突、争吵对我的伤害，以至于主动隔离了对很多事情的记忆，那些让我受伤的事情我真的会刻意忘记。按照心理学说法，我内心有一个受过伤的孩子，但其实我的爸爸心里也有一个受过伤的孩子。一个成年人，无论学历、工作、人生经历多丰富，内心深处的那个孩子都可能是虚弱无力、担惊受怕的。这让我们两个人都不自信。爸爸想用童年时代设定的固定模式影响和控制自己的孩子，而我却因为自己的情感和独立思想不受鼓励和被压制而内心抑郁。双方都不得志，结局是双输。

2.清除内心的杂草

也许你也有类似经历：和父母相处不融洽，互相忍耐但积怨已久，小时候被家人打骂，等等。如果内心因为家庭情感受过伤，却不治疗，久而久之会形成大问题，对你的人际关系、事业、家庭造成无法估量的影响。

3.要重视存在的问题

是你自己的问题就无法逃避。人生不是跳棋，就算你这次绕过去，下次未必不从这里走，该走的路是需要由自己脚踏实地地走过的。只有先重视问题，才能有效解决。

4.学会疏导怒气

怒气不能去强压强忍，而是需要疏导。一个人总是容易被煽起怒火，再去拼命控制不发火，对身体健康没有一点好处，而且愤怒过后产生的悲伤也会耗费大量精力，侵蚀心灵。

如果你现在还深陷在与父母关系不睦的痛苦中，你需要通过以下8个方面不断努力：

1.相信正念的力量

抱怨其实只是掩饰自己不够努力的借口，一个人之所以一直在抱怨，可能是因为自以为这样会让自己好受一些：告诉别人我自己不够优秀，过得不够开心，原因是小时候父母没有给我良好教育，我自己没错，错都在父母。

我与父亲关系的转折点是2013年。那一年，指导我修复家庭关系的关键人终于出现了，她是熊太太，我们是通过微博认识的。记得她总是听我倾诉，帮我脱离痛苦，指导我恢复平静心态，去看《中毒的父母》这本书。我真的把这本书找来看了，只读了半本就茅塞顿开，还根据书里提到的关键点回忆了家庭关系中的一系列问题。

一方面是父母能力不够，另一方面是我对他们期待过高，这样的一个落差，最终导致的，只能是自己的痛苦。我们应该放弃对父母不现实的期待，接受他们的有限性和不完美，承认他们真的没有能力做到完美，并且相信自己有能力吸收父母身上的优点。这些优点可以减轻我们内心受到的伤害，帮我们建立对他人的信任，使我们的人格朝向健康的方向发展。这些说起来容易，可是真的要做好，可能会花上好几年的时间，这段时间里，你会经历一段可以说是惊心动魄的成长过程。

回忆一再重复也是很痛苦的，但是我还是要求自己坚持下去，边回忆边用纸笔记录下来，回忆的过程中，又是泪流不止。梳理反思，足以大幅改变自己的心态、观念和行为。

我学会了从思想上接受父母不是完美的，他们也会有缺点，但他们的优点就不值得去学习了吗？父母对孩子的成长有负面影响，而我们要学会从正面思考所有的事情，这对我们来说不也是一种逆向思维的练习吗？父母做过的错误的决定、不当的选择，不正是宝贵的前车之鉴吗？这些都是无形的财富。

2.学会感激

感激父母把我带到这个世界上，而这之后我的家庭关系及人生，是我自己选择的结果。过去我只记着小时候是怎么被爸爸逼着练书法的，当时很反感，每天特别想像别的小朋友那样在院子里开心地玩。但现在当我重新拿起毛笔的时候，很明显过去打的基础让我很容易上手，当初反感的事，多年后反而成了修心养性的首选，这让我对爸爸当年的要求十分感激。

3.设立“家和万事兴”的目标

做任何事情都需要有目标。当我从来没有设置“家庭和睦”这个目标时，方向很不明确，自然也实现不了。直到有一天，我把它当成了我的目标，才最终实现了“家和万事兴”。

4.合理运用打卡工具

当初为了监督自己每天和父母保持良好的关系，我买了一套小笑脸贴纸。只要当天关系融洽，我就在笔记本上贴一个笑脸给自己鼓励。两个星期下来，居然每天都坚持得很好。爸爸看见我主动改变，对待我时语气、态度也变了很多，从每天一句话不说，到经常给我打电话、发短信等。我的心告诉我，**和爸爸十几年的恶劣关系已经烟消云散，虽然冰冻三尺非一日之寒，但当双方都在用心学习相处、表达、给予爱的时候，再大的内心隔阂也能慢慢消失。**这是我关注内心梳理以来最大的收获。

5.学会为自己负责

不把原生家庭当作不肯成长、不愿意改变的借口。因为，你的幸福、快乐掌握在你自己手中。过去原生家庭中发生的一些事情，你不需要负责任。但是，从今天开始，你所做的每一个选择，你都要自己负责任。我们要承担原本应该承担的责任，不断提高创造自己生命精彩的能力。

6.亲情永远排第一

如果一个人连对家庭的基本信仰都没有，还有什么是不可以取代家庭的？如果我们的社会中，每一个人连自己的家人都不相信，那我们还能相信谁呢？一个人生命中最重要的关系是两性关系，但亲情是基础，你需要先疏通和父母的关系，才能在进入后续两性关系的时候，获得真正的幸福。

在你的家庭关系还没有修复之前，可以把谈恋爱、结婚往后放一放，因为你需要先学习爱他人和与他人和睦相处，否则容易选择错误的男友或老公。为了逃避一个当下让你不开心的人和环境，麻痹自己说另外一个人、新的环境就绝对会给你带来幸福，是自欺欺人。只有逐步把自己的亲情关系理顺，才能构建另一个幸福的家庭。

7.良好的情感可以滋养身心

归根结底，是情感与心灵的力量真正推动着这个世界向前发展，而不是科技、工业和智能。你学了再多知识，提升了再厉害的技能，都比不上父母一句“你回来了”，比不上一条叮嘱你早点回家的短信，比不上辛苦一天后老妈给你端上来的一碗热腾腾的汤面。

8.亲情的修复，是成长必过的一关

父母和孩子互相分享爱与资源，在苦乐之间共同成长，一起处理各自的问题，这正是家庭存在的意义。

成长的规则是相通的。做出改变，需要勇气。起步时一定痛苦难忍；过程中容易犹豫不决，甚至会转圈圈回到原点；但只要坚持下来，突破自我，你最终会手捧满满收获，笑中带泪回顾一路历程。

家庭关系是你需要通关的关卡

*音频内容请静静欣赏

05

整理
你的珍贵回忆

知名企业家靳羽西女士在她的一本书《点亮生活的99个灵感》中提到一句话：It's never too young to think of your old days and prepare for it。**为老去的日子做打算永远不嫌早。**也许你为了在60岁、70岁、80岁时能过上理想中的生活，已经从现在开始存钱、健身、积累人脉了，那你有没有想过也要为以后保存和整理回忆了呢？

物品的身上，满载着回忆。2013年春天，我在家里整理杂物的时候，先是把8个抽屉里的东西全都倒在了地上，面对五花八门的东西，本能反应是先做分类。我从里面居然找出来30多个记事本，包括以前的日记、书摘和剪报。看着这些记事本，我在想：

如果你从来都没有记录过你的过去，没写过日记，甚至没写过只言片语；如果你不舍得花费一点点时间和精力去整理你的过去，那么你的过去可能只剩下个杂物堆，甚至连杂物堆都没有，一切都随着生活变迁，或送或扔了。

当过去的物品没留下一丝痕迹，思想也没有及时归纳总结，你的过去就那么过去了，永远消失了。当有人问你以前是什么样子的时候，可以你都不知道该怎么描述。

别以为我在危言耸听，人的记忆力远没有想象中那么可靠。

好在，我们可以换一种方式整理过去、现在甚至未来的自己，让一生回忆随时呈现在眼前，方法非常简单。

为大家推荐印象笔记这款应用，来收藏你的一生。方法非常简单，分为3步：

印象笔记App

第一步　新建笔记本

下载、安装、注册之后，新建一个笔记本，我起的名字是“人生蓝图”，大家可以随意。

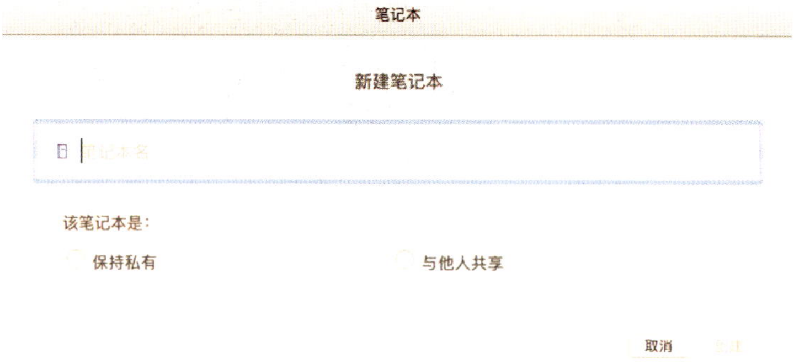

笔记本

新建笔记本

该笔记本是：

保持私有　　与他人共享

取消

之后，在这个笔记本中，按照年份+年龄的格式，分别建立子笔记本。以我自己为例，1982年出生，笔记本就可以命名为1982年0岁，以此类推：2008年26岁、2017年35岁、2052年70岁等。不少朋友看到这一步时，可能脑海中会出现极其兴奋的信号，打算撸起袖子给自己来次彻底整理了。也有些朋友可能脑海中会出现另外一种信号：这工作量貌似超级大吧？都有点不想开始了，怎么办呀？整理本就不是一件强求的事，你可以按照自己的想法一步一步地分类整理，不要图快，先放弃你的完美主义。可以从给家里的宝宝建立一份人生蓝图做起，等宝宝长到18岁时作为生日礼物送出，相信这样一份无形财富会比任何用钱买来的昂贵礼物都有价值。

00人生蓝图
1982年0岁 1
1983年1岁 2
1984年2岁 2
1985年3岁 5
1986年4岁 5
1987年5岁 6
1988年6岁 6
1989年7岁 6
1990年8岁 3
1991年9岁 4
1992年10岁 4
1993年11岁 2
1994年12岁 10
1995年13岁 5
1996年14岁 6
1997年15岁 8
1998年16岁 15
1999年17岁 10
2000年18岁 8
2001年19岁 4
2002年20岁 7
2003年21岁 3
2004年22岁 12
2005年23岁 3
2006年24岁 10
2007年25岁 16
2008年26岁 19

● 3岁，找出你人生第一张艺术照，或者你人生第一个布娃娃，拍照存入电子版。

● 15岁，初中毕业了，找出你当年的初中毕业证书、同班同学合影，以及人生巅峰时的书法、绘画作品等，拍照存入电子版。

35岁，工作将近15年了，找出这一年生日、情人节、春节、旅行时的纪念照，存入电子版，顺便也要放入这一年的年度目标和年终总结哦。

70岁，畅想那时候的你会是什么样子，可以把对未来的想象用“图片愿景法”提前存入，给未来更精彩的自己下订单。

第二步　准备素材

集中安排一个时间，比如周末3小时，在家里翻箱倒柜，拍下所有你认为有价值的物品，比如你童年的第一个布娃娃、人生第一件小连衣裙、你过去的绘画和书法作品、三好学生证、团员证、退团证、各种毕业证书……只要你能想到和找到的，都拍下来。每一件物品拍一张照片，早期胶卷时代的照片可以用扫描类App扫描或拍照，其他手机、硬盘里的数码照片通常是可以找到拍照日期的，把这些素材都一口气准备出来。

第三步　把所有电子化素材，按照年月日时间线放到笔记本里

这么一来，你的过去、现在，都被轻松收录起来了。把过去的回忆电子化之后收在一起只是第一步，面对它们进行反思又是另一回事。最初我就是凭着一种突如其来的热情，把家里的物品、照片都电子化，分类好整理到印象笔记去了，根本想象不到这件事会对我产生多么大的意义。这次整理让我意识到：

1.每个人的一生都值得整理

从2013年春天完成了“人生蓝图”每一年的资料整理工作，到今天，“人生蓝图”已经成为我印象笔记里固定的主题内容，对我一生的梳理工作提供了巨大的帮助，形成了我个人独有的数据库。我以前在“101个目标”里写过一项，是做一部过去30年的回忆录，正因为做了“人生蓝图”梳理，人生回忆有了固定的收纳空间，才敦促我不断地往里补充内容，一边回忆，也一边写下了对过去的认知和反思。做到了这件事本身，就让我很感动、很为自己自豪。

2.认可自我

以前，我总觉得没经历过什么好事，好像都是不堪回顾的烦心事，对过去很厌倦。**当真正动手整理时，我才发现很多或美好或坎坷的回忆一直都伴随在身边，只是自己故意视而不见而已。当人的眼睛只是一部黑白相机时，根本看不到一切美丽的色彩。把各项回忆分类归位后，不仅每一年的丰富程度一目了然，还能回忆曾经的美好，明白在遇到坎坷后需要积累什么经验。**

通过这种整理方式，我超乎想象地用最快时间认可了自己。我曾经对过去30年经历的某些阶段不愿谈论，认为难以启齿，因为我知道自己当时不努力，不用心。现在，我释然了。经过对过去回忆的整理，我好像看到30个大大小小不同的自己站在面前，她们的样貌、经历完全不同，她们手牵手在一起，组成了现在的我，对她们，我只剩感激。

我曾经那么否定过自己，那么责怪自己，现在把往事全都翻出来之后，我第一次完整地接受自我了。过去的自己，也曾经有过很多美丽、勇敢、努力、有理想的瞬间。

颗颗泪滴串成珍珠。每一年像一颗珍珠一样，现在，我手中这条珍珠项链有30多颗珠子了，每一年过去，我都会放上一颗宝贵的新珠子。其实，每一年，都是我们生命中最完美的一年；每一年，也都可以是你最好的年华，根本没有所谓的迷茫、低谷、失败，这些看似负面的东西在生命中出现过，是为了让你领悟、让你成长。有时候迷茫挺好的，迷茫足够多，你也就有了走出迷茫的力量。每一年的积累，都可以让你成为更好的自己。

3.时间是一把利器

如果你不是一直努力的话，它就会把你曾经的优势消磨，让你再一次跟众人站在同一起跑线上，甚至被远远地甩到后面。

通过整理，你不仅可以看到过去曾经努力过的痕迹，还可以在内心深处认可自己，同时发现一些遗憾，从而避免将来出现同样的问题。

4.你的未来应该怎么整理呢？

有没有想过你在30岁、50岁、70岁的时候会是什么样子呢？

现在开始，动手把你对未来的憧憬、目标、计划、愿景图片，统统投放到未来的每一年去吧。当你不断地练习着预测未来，你前方的路上就会亮起一盏盏小明灯，指引你在还不太清晰的路上走得更稳，做出决策，减少乌龙事件的发生，因为，你对未来要做什么已经越来越明确了。

拥抱回忆，自我疗愈

*音频内容请静静欣赏

提升你自己

Hand drawing

4

春楠的原创手绘

- 一天只能爬行1米的毛毛虫，怎样才能做到一生中移动10公里？是应该更加拼命地蠕动吗？当然不是，它应当蜕变成蝴蝶，然后展翅飞翔。

01 升级你的核心用品

在“整理你的家”这个章节中我反复地提到过，整理过程分成3步：简化、收纳、升级。前两步是需要实践的，是最基础的内容，而做到升级却并非照本宣科。所谓的升级，是指随着你个人观念的改变、经济条件的提高，对你身边的所有事物，由小及大、由内而外地做质感上的提升。升级肯定是取决于我们观念、眼光、品位的提升的，那么如何提升呢？

请你先从身边核心用品开始升级，再一步步做到升级环境。如果你目前还没有办法一步到位，把身边的核心用品都升级，那就从手头的小物件开始吧。

但凡是你贴身携带、在家里使用频次高的物品，要在经济能力范围内选择质量最好的。当然价格并不决定一切，但相对而言，价格高一些的物品，材质会更好，也更适合长期使用。

1.出门时会用到的物品

手机方面，最好3年换一部新的。在电子通信设备上，价格高低一定不是衡量质量好坏的唯一标准，性价比高是最好的，切勿盲目跟风。

冬天，你可能会习惯带保温杯出门。保温杯是每天随手用来补充水分，和你的嘴亲密接触的物品，会为你带来一定能量，所以尽量买最好的品牌和款式。

服装上，除非你现在是生了孩子，短时间内不会添置新衣物，否则建议每年做10%—20%的升级，从剪裁、面料、颜色、品牌上对服装重新做定位。

女士的饰品要特别注意，像经常戴在脸上的眼镜，需要购买与你的脸型、气质契合的好品质的，这会让你的气场更强大。如果你的年纪已经超过30岁了，塑料配饰已经不太适合你现在的身份和气场了，可以适当做淘汰，升级成珍珠、宝石或者哪怕是普通的真材实料的石头饰品。

手表，除了购买无论从品牌到设计都十分经典，可以跟随你一辈子的款式外，也要随着你收入水平的提高做升级，不断地更新换代。

2.在家里起居时会用到的物品

家中使用的水杯、餐具，建议大家也购买颜值高，而且质地好的款式。

平时在家里穿的拖鞋，要选择比较好的品牌的，因为拖鞋是你进家门后，把你和家连起来的第一条纽带。

牙刷，3个月要换一支，是常识。刮胡刀也一定要选好品牌的，除了给自己家里升级，还可以作为送给爷爷、爸爸，或者男性朋友的生日礼物。

同样，床和枕头，你每天会花1/3时间和它们在一起，自然要选择最适合你的。尤其是枕头，有人喜欢荞麦皮的，有人喜欢乳胶的，有人喜欢高一点的，有人喜欢矮一点的。无论怎样，找到适合自己身体的最好。

很多人的衣橱里，都有一些塑料衣架、铁丝衣架和质感一般、买衣服时送的比较丑的衣架。这样的衣架一方面没有办法凸显我们服装的质感；另外一方面呢，也很容易挂上衣服之后一会儿就自己脱落，掉到衣橱下面去了，找衣服的时候很吃力。塑料衣架因为防水，适合在晾晒衣服时使用，可以保留。

平时在衣橱里应该用什么材质的衣架呢？目前来说，我比较推荐的是防滑落的绒面衣架，或者木质衣架。根据不同颜色、材质买上一批，可以按照场合把你的服装全部挂起来，比如说，粉色的衣架用来挂休闲服装或者约会装，以及去参加一些社交活动时穿的服装；木质的衣架用来挂职场服装。这样用衣架把着装场合都区分出来了，不是非常方便和省时高效吗？

3.家中增加装饰品

如果你还不知道怎么挑选照片墙、油画、山水画，可以先尝试在家里某个角落设计出一个可以摆放绿植、鲜花的区域。如果一个家比较乱，那么就算放了鲜花，看起来也

在理想的家中，使用生活好物，做喜欢的事情。

还是乱糟糟的；但是一个经过整理之后的整洁的家，定期更换鲜花，可以让家中的环境更加温馨。

4.家里的大件

家具，也有它升级换代的路径：最开始可能用的是过渡一下的塑料家具，价格实惠，搬家无压力；之后生活比较稳定了，可能换成拼合板或者胶合板的家具；之后更新到实木家具；再往后随着年龄和喜好的改变，升级到硬木家具；最后可能会追求有更高升值能力的古董硬木家具等。

除了力所能及地把生活中的小物件升级，有时候，你也可以思考一下，为什么有些家庭和自己居住的家庭环境相比，好像在美观度上有一定的差距呢？答案是，美观的家庭空间，往往是经过用心设计的。想要在动手整理一段时间之后，再次提升你的家居美感，最好的办法是多去看那些美的事物，你自然就知道下一步该追求什么了。

当你积累了一些想法之后，就可以试着画出一幅理想家庭蓝图了。最好的户型，是四四方方，任何功能区都能在一个房间或者区域中实现，互相区分，不混杂在一起的。也许你希望理想中的房子里，可以有一个花园种花种菜，能在花园里放个小餐桌吃早餐，能欣赏早晨的阳光，听小鸟的叫声；房间里分成卧室、工作室，有可以洗泡泡浴的卫生间，有客厅、餐厅和大大的厨房。把你想到的都画下来，这会成为你未来理想的家的愿景图。

当你不断设想未来想要住进去的家的时候，你就会慢慢对生活产生更多的追求和期待；你也会同时以实现这样的一个目标来倒推，逐渐行动起来，努力工作。这样，你终有一天能住进梦想中的幸福之家。

02
根据场合
选择正确着装

服装穿得对不仅会让你整个人都更漂亮，更可以彰显品位、提升气质。

如果你穿得老气，你的言行可能也会显得老气横秋；如果你穿得时尚，你的行为和表情也都可能因此而充满朝气。就算是再普通的女性，如果穿上了适合自己的衣服，也能够焕发光彩。

过去5年，我经历过10多轮的服装淘汰升级，一步一步地提升自己的形象，终于找到了一些比较适合我，而且看起来有魅力、漂亮、自信的服装搭配方案了。服装升级之后，整个人不仅看着变年轻了很多，品位也提高了。

想要提升着装品位，有3个核心经验：尝试、规则、定位。当然前提是，你已经把衣橱做了最大程度的简化，把得分太低的服装都淘汰了，衣橱里已经有足够的留白。这个时候，我们就可以思考怎么给衣橱升级了。

第一步　尝试

尝试抛开快时尚品牌，走进大品牌的店铺中。选择大品牌是为了节省挑选细节的时间，相比价格，一件衣服的质量更重要。并不是所有大品牌都值得购买，也不是一个大品牌下所有出品的款式都漂亮。找到适合你的最关键。

没必要追求每一件衣服都是大牌。黑色、其他深色、大红色的大衣、西服外套或者在正式场合会穿的衣服，可以买大牌、昂贵一些的，因为每年差不多也就穿几次，能穿很多年。如果是浅色的衣服，可以买普通的，因为你不知道什么时候就会弄上咖啡、食物污渍，特别不好洗。

到实体店试穿衣服的时候，你可以5件、10件地拿去试衣间，这个阶段，你需要的就是突破舒适区，每种风格都试一试。同样，如果你还是喜欢网购，也可以多尝试不同的风格。

● 找到适合自己的风格后的春楠。

到底要怎么挑选一件服装呢？以服装三元素——颜色、质地和剪裁作为筛选标准就好了。看一件衣服，先从色彩上判断，是不是适合你的肤色——是立马显得你皮肤白皙，还是让你看起来变黑了？之后再看服装选用的面料，考虑是像雪纺一样轻柔的面料还是羊毛呢一样硬挺的面料更凸显你的气质。服装质地方面，优先选择重磅真丝、羊毛、羊绒的，这样的材质经得起时光的检验。然后再去观察服装的剪裁功力怎么样，考虑到底是宽松的还是贴身的款式能凸显你的个人魅力，优化你的身材特点。经过这几步，相信你就能挑选出适合自己的那一款了。

第二步　规则

一定要建立你的服饰标准，而且要用最高标准要求。一个外形魅力十足的人，不管是相亲、面试、逛街、谈生意，都会获得超高回头率和成功率，给人一种有个性、有思想、对自己有要求的印象。在逛街方面也是有小技巧的：要逛，也要穿着自己衣橱里能打七八分以上的衣服逛。这样一来，除非在商场看到比你当天穿的更漂亮的衣服，你才会愿意试穿或购买。按照这个方法坚持下去，品位一定会提升。

具体说到场合着装，到底是什么意思呢？这是指根据你出席场合的频次，来确定衣橱里衣服的比例。

把你过去5—10年的照片翻出来看看，你穿什么样的衣服最多，你的衣橱就往往就是由什么衣服组成的。但女人需要找对场合穿对衣，学会根据所出席的场合需要，找到合适的那一身行头。

现在请你拿出一张A4纸，回忆一下你日常生活中都经常出现在什么场合。你从周一到周日，从早晨睁开眼睛到晚上入睡，所有你穿着外出服装的时刻，你出席的场合比例是怎样的？比较普遍的场合有上班、约会、朋友聚餐、运动、参加婚礼、公司年会、旅游、休闲购物等。经过判断，你可能经常出现在这3个场合：职场、休闲和社交，那你就可以把衣服分成三大类别分开收纳，再计算它们在衣橱里的比例。假设你每天清醒的时间是早上7点到晚上11点，一天16个小时，一个星期7天是112小时。你每星期工作5天，每天10个小时，占45%；陪伴家人休闲的时光和郊游运动需要48个小时，占43%；参加酒会、派对，看演出、参加婚礼等用了14个小时，占12%。这样一来，你一个星期不同场合着装的比例就是45%职业装，43%休闲装，12%社交场合小礼服。这个比例基本上是大多数职场女性的平均值，如果你有100件服装，其中有45件职业装，43件休闲装，12件增加一点隆重感的小礼服就可以了。如果经过统计，你的服装和场合比例不符，那肯定会出现找不到衣服穿的情况。

确定好自己的风格后，就要升级自己的服饰搭配技巧了。

如果有一笔服装预算，你应该先投资在什么地方呢？如果你现在正面对一面镜子，把双手举过头顶合拢，组成一个三角形的时候，你看到了什么？是不是刚好是你的领子到头顶的位置？这个三角形中间的区域，在形象管理中叫作黄金三角区。它如此重要的原因是，当我们在开会、聚餐、相亲的时候，基本都是坐着的。当你在上半身黄金三角区里进

● 选择用植绒防滑落衣架把服装按套装悬挂起来，既省收纳空间又省搭配时间，实现一箭双雕的效果。

行投资，无论是换了新发型、帽子、眼镜、妆容、上衣，加一条丝巾，戴条项链，等等，都很容易在别人心中留下不一样的印象。并不是说女人不应该有一双好鞋，不应该有好腰带和好皮包，只是这些不是现在急需置办的项目，可以先把预算让给上半身。

要做好服饰搭配，得有基本款和特色款。基本款是人人都值得拥有的百搭牛仔裤、T恤、白衬衫、针织衫、无袖连衣裙等。实用的单品可以占80%，这些在衣橱里不容易被淘汰，能长期穿。

除了基本款，也需要添置一些有特色的时髦款式。这样搭配起来，更能让你在人群中脱颖而出。特色款可以占20%。按照这个比例平衡衣橱，能做到既穿着得体，不过分张扬，又能适时地突出自己的存在感，在人群中穿出彩。

在色彩搭配方面，常用搭配参考有这几种：无彩色搭配（也就是黑白灰互相搭，很难出错，适合所有人）、单色搭配（一身蓝、一身红这样子的）。请大家现在牢记日常搭配最实用的6种颜色：红橙黄绿蓝紫。把这6色排列组合一下，能出现很多种搭配组合。

用间隔色搭配法，你就能在一身搭配里用到红配黄、橙配绿、蓝配红等；用相邻色搭配法，你可以在一身搭配里用到红配橙、橙配黄、黄配绿、绿配蓝、蓝配紫、紫配红；用对比色搭配法，可以在一身搭配里用到红配绿、橙配蓝、黄配紫，这3对也刚好是美术里面的互补色。

第三步　定位

想确定自己的风格确实不是件容易的事儿，得循序渐进。并不是学会分清肤色冷暖色调、四季色彩这种市面上流行的判断标准，就能解决一切穿着问题。由于肤色会随着化妆、眼睛、头发的颜色，以及身材、气质的改变而不断发生变化，服饰最终还是要根据你对自己的职业和公众形象标准来定位更合适。如果你是作家、画家，你的穿着会更偏向文艺女青年；如果你是销售，会更偏向提升女性魅力，提高客户成交率；如果你是旅游向导，会更偏向运动休闲风。随着你个人气场更强大、更自信、更有影响力，你穿的服装势必要逐渐减少基本款，增加特色款。我记得靳羽西女士在她的书《点亮生活的99个灵感》里就提到她因为是做公关工作的，家里的服装特别多。平时除了把黑白灰、大地色作为基本色选择服装，她还会储备很多的辅助色服装，像黄、红、绿色，一出现在社交场合里立马就会吸引记者镜头。

你想给大家留下什么样的整体印象，就用什么颜色的服装来衬托你吧。

（二）习惯升级

01 手机桌面1页就够了

手机整理是很多人特别需要，但却不重视的。来了解一组数据，你就知道为什么手机整理迫在眉睫了。《中国社会心态研究报告》显示，中国大学生每天用在手机上的时间达到5小时17分钟，也就是说，除去每天33%的时间用来睡觉，20%以上的时间都消耗在手机上，剩下的时间才是上课、学习。

美国还有一项研究发现，平均每个星期，人们用手机的频率高达1500次，平均每天200多次。这1500次包含了拿出手机解锁、发邮件、玩游戏等，平均每天用在手机上的时间有3小时16分钟，乘以7大约是23小时，这差不多是一个星期里有一整天都在玩手机了。

在看到这些数据时相信你已经理解了，为什么40%的人离不开手机，一旦离开了手机就会感到失落。当然，手机该用还得用，只是希望大家在用手机的过程中减少不必要的时间耗费。如果现在的你，平时老觉得压力大，内心容易焦虑，每次为了放松心情，就拿出手机聊个天，刷刷朋友圈，去淘宝购物车里"视察"一圈，手机空间总觉得不够用，总是被系统提示"空间不足"，而手头的正事儿好像永远做不完，动不动就情绪崩溃，总是在自责，那你就真的很需要整理手机了，因为手机也需要"减压"。

1.关闭通知

回想一下，你每天会被各种短信、电话、微信、App更新通知，打断多少次思路？好不容易看完消息，App右上角的红色数字通知终于消失几秒钟，又马上有新的通知进来，让有强迫症的你简直抓狂。有时候一天里各种通知消息都集中到一起了，是不是觉得很烦躁？每天几十成百条的通知里大部分都是广告、聊天、软件更新，只会耗费你的时间。

从手机设置中，选择关闭各项通知，让图标右上角的红色数字提醒再也不会打扰你。从今往后主动拒绝，不被无谓的广告、促销，不重要、不紧急的插播消息打扰，你终于能活在当下，同一时间只做一件事，珍惜宝贵的专注力。

● 适当地关闭一些通知，还你一个清净的世界。

2.精简App

是不是只要别人推荐什么App，你就一律下载安装，不管用不用，永远不清理？这不就像你买了三五件同款同色同质地的连衣裙，塞在衣橱里，其实每件穿的次数都少得可怜吗？

这个世界上众多极富创意的开发者根据用户需求研发出了千千万万个App。我们的选择多了无数倍，生活也便利了无数倍，可似乎也变得更加痛苦了。现在大部分App都是免费的，免费的东西往往得不到人们的珍惜。过量的App带来了选择障碍，也容易浪费寻找时间，还会让人在找不到想要的东西时产生小烦躁。

● 我日常使用的App只有这些，一直保持着手机桌面只有1页的习惯。

你不需要上百个App，删掉不再用的吧。就我个人体会，每天都会用一次的App，25个以内完全足够，一个功能类型留1个，不用下载更多。16G的内存真的不够用吗？只是因为我们过于贪婪地想收藏更多的信息吧。

手机好比衣橱，App就像新衣服，下载太多了，长期不用，衣橱和主人的压力只能无限增大。如果感到一些App长期使用率很低，就果断删除吧。即使你曾经在一个App上花了钱，似乎有些不舍，但沉没成本已经存在，不如大胆放弃。将来如果有特别棒的App想下载，最好删除一个同类型的。来了新的，一定清走一个旧的。这样几轮筛选下来，会发现每天常用的App只是那几个，好比衣橱中留下了刚刚好的经典款，帮助你应付各种场合，够用就行。

3.合并同类项

重新看一遍你手机里的App，把它们做个分类：每天都会用的常用项直接放桌面；两三天或者更长时间才会用一次的，合并在一个组里；把功能类似的也合并在一个组里。这样分类，省内存、省时间又省心。

我平时习惯左手拿手机，常用的App会被放置在手机左侧和下方的位置，不常用的往右侧和上方位置放。你也可以跟据自己的使用习惯把一个App组里的常用项往你习惯的方向放置，用得少的放在另一边。

4.如何给组命名

可以按照你的喜好和需要命名。很多人喜欢给自己的App组起主题名称，比如“爱上自己”4个字是点击率超高的选择。按照重要程度分类，通常可以分成A、B、C 3个等级。这段时间要重视健康，那健身跑步类的App就可以往前排。按照使用频次分类，通常可以分成每天、每周、每月。App可优先保留每天会用到的，其次是每周会用到的，最后才是一个月最多用一次的。

5.手机桌面1页原则

通常你的手机上可能安装了上百个App，每页放24个App的话，至少要放5页才够。每次为了找个App，得在不同页面之间反复频繁翻找，找东西本身就是浪费时间。

强烈建议你把App整合在1页手机界面上，这是最高效的选择，因为这相当于把反复翻找的时间都省下来了。不要小看每次短短的几秒钟浪费，积攒起来就很可观。珍爱生命，首先要惜时如金！

6.手机桌面要有留白

手机桌面被密密麻麻的App霸占视野，难道你不难受吗？

手机桌面的留白以80%为最佳，也就是尽量让桌面空间最大化，少留App。手机桌面有留白之后，一方面看上去痛快，减轻心理压力；另一方面也给桌面墙纸选择带来更多可能性。

02

清理微信，别让海量信息淹没你

除了手机App的大爆发，你的微信消息是不是也特别多，整天响个不停？是时候从以下7点开始整理一下啦。

1.公众号

打开你的微信，看一下自己关注的公众号，问问自己，你真的看得过来吗？根本没这么多工夫对不对？再问问自己，同时订阅多少个公众号是你可以读完的呢？有一部分公众号，虽然你也偶尔看了，但是走马观花，有时看了超不过一小时，就会忘掉到底看了什么内容。这些被动阅读，是无效行为，而且占据了你大量碎片时间，收割了你无数的注意力。作为观众，去看这世界上那么多比你年轻又比你历害的人和他们在做的事儿，可能可以激励你，但也可能会让你觉得自己一无是处，徒增压力。

咱们来算笔账吧：假设你上下班时间60分钟，阅读一篇文章大约需要5分钟，那么你一路上最多阅读10篇文章，所以订阅公众号10个以内就好，再多也看不过来。可能有的朋友还订阅了大量语音课程，也是同理。囤积太多没阅读的文章、未听的课程会让你产生自己在拖延的焦虑感和负罪感，所以，删掉那些你根本看不过来的公众号吧。

没有了这些信息的打扰，你还能把节省下来的时间用来做应该做的事儿，不再把没空当借口了。

你可能会问，我怎么才能知道哪些公众号要删除呢？来为你留在你手机上的公众号设定一些标准吧：

一类是每一篇文章都是10万+阅读量的超受欢迎大号；另外一类是阅读量不高，但是你看了打心里喜欢的公众号。

这两类中，对你确实有帮助的可以保留，但建议只保留10个以内，因为数量一多，很容易让那些对你有帮助的内容被其他信息淹没。

2.微信群

你需要控制微信群的数量。一般情况下，最有价值的核心群有3个就差不多了；10个群也还可以有选择地阅读些内容；而有20—50个群，特别是有些群经常一两天就有上千条聊天记录，看也不是，不看也不是，会给人带来过多的无形压力。

一个微信群，如果并不是你工作、生活必需的，而且经常短时间内就会产生大量聊天记录，却又没有什么真正有价值的东西，也无法让你放松心情、结识新朋友，那还是果断退出或删除比较好。

3.微信留言

当你每天早上打开微信，看到有一大堆留言等着回复时，有没有觉得心烦过？为了节省时间，你可以批量回复。如果1分钟内可以回复的，就点开对话框回复；如果一时间不太清楚该怎么回复，就左滑一下，标为未读，晚些再打开手机时就能看到，继续处理。

4.微信收藏栏

很多人都喜欢收藏有意思的公众号文章，看着标题觉得对自己肯定有帮助；或者是朋友特别推荐给你的，就想收藏起来，等着以后再看。就算不保存到微信收藏栏，可能也会换个途径，比如收集到印象笔记里面。其实这样只会让你得“信息松鼠病”，也就是不断地收集，越攒越多，最后一篇也不看。这就涉及知识管理的范畴了，多问自己几个为什么：你收集这篇文章的最终目的是什么？是为了优化自己的文案；还是为了选取其中的某几张图片，想打印出来装饰日记本；或者只为了把文章中的一句话摘抄下来？找到了你收藏每一篇文章背后的行动本质，就能理智地对是否该收藏一篇文章做出判断了。如果3分钟内能对信息做出处理，我们就立马行动，杜绝“信息松鼠病”，不当知识“收藏家”。

收藏栏还能开发一个功能：把你的邮寄地址、联络人和联系方式存储进去，每当看到留言，3秒钟内就能给出回复，大大提高了效率。

5.微信表情

通常一套表情里，最常用的就那几个。所以为了最大化减少找表情的时间，你可以像我一样只用16个一套的表情包。因为16个一套的表情包，通常是分两屏显示的，这样，当你寻找一个要用的表情时，一般只需要翻一次就能找到了；而那些分成3屏、4屏甚至更多屏显示的表情包，你就需要翻很多次才能找到想用的，这就在无形中浪费了时间。表情包总是会源源不断地“上新”，可下载之后，你的热情总会退去，所以不如固定用一套你最喜欢、最能表达心情的表情包。

6.微信好友

你需要先确认要和什么样的人成为好友，然后将那些从没有说过话的、只“刷屏”卖东西的最先清理掉。建议大家建立标签，给不同的微信好友进行分类，这样，当你清理时，哪些需要删掉就一目了然了。

7.微信朋友圈

很多人喜欢刷朋友圈，在朋友圈发信息，朋友圈成了我们生活里不可或缺的组成部分。既然一定要花时间在这上面，就不如仔细研究下你应该如何与朋友圈相处吧，看什么、发什么都可以设定你自己的规则。在一个信息爆炸的时代，每个人都要时刻注意甄别信息，朋友圈也一样。科技的发展让大家沟通更便利了，但也很容易让人变得对微信朋友圈这样的社交工具过于依赖，忽视了人与人之间的直接交流。

我建议大家打造“进攻型”的朋友圈。

对于微信朋友圈，我只发但几乎不看，这成了我坚守时间投入的明确原则。你不需要像我一样强迫自己屏蔽朋友圈，可以在想起来的时候点开看看自己关心的人的动态，发了朋友圈之后也不要在意有多少人给自己留言和评论。对待朋友圈，适度关注就好。

但如果你想把朋友圈整理得彻底一点，可以这么做：

①关闭朋友圈功能

这样一来，那个提示朋友圈有新内容的小红点彻底消失了，是不是很清爽？

②你仍然可以发

发你值得分享给大家的原创内容，比如你和身边人的成长里程碑等任何可以帮助、启发到别人的优质内容。要记住，你的朋友圈质量，代表了你的个人形象。

③你仍然可以看

选择看谁的朋友圈，也是一种艺术。《为什么1%的人可以年薪一亿躺着赚》这本书中提到，要和高自己好几个“段位”的人相处。所以，我只选择定期看那些在某领域比我更有经验、有能量的人的朋友圈。

看到这里，你是不是要拿起你的手机，清理一下你的微信了？

03
把注意力留给真正重要的事

无论是手机桌面整理、App整理还是微信整理，其实最终目的是希望你能学会从身边筛选出真正有价值的信息，珍惜你宝贵的专注力，让干扰你的杂音、杂念远离。除了前面叙述的内容，以下的7个部分也还需要大家花精力去整理。

1.通讯录

现在大家多用微信联络，比较熟悉、经常有来往的才需要存电话。如果你通讯录里有2年以上不再交流的联系人，就清清吧。之前有一位学员，在整理的时候，给通讯录瘦身了大概70%——从最开始的336位联系人，减少到了111位。相信这个过程是每个人都需要的。你选择关注多少人、多少事，就是在分配自己的时间，而你的时间有限，应该分享给重要的人和事。

2.图片

也许，大脑对美的追求总是无止境的，才让我们热衷于不停地拍照和收集美丽图片。

手机图片那么多，都是从哪里来的？大部分来自日常拍照、截屏等。很多人还使用了手机图片自动上传功能，相当于同样一份图片可能同时出现在手机、平板电脑和电脑里。一起想想看，你的图片都分布在哪些设备中呢？

手机可以是图片的临时存储区，但绝不是永久存储器。也许你会问：手机里能留多少张图片呢？建议大家手机里最多保留100张。对自己再严格一点的小伙伴，可以最多留50张。听到这个数量，你也许会觉得有点夸张。现在翻翻自己的手机相册，也许你会被吓一跳，因为很多人都在手机里存储了6000张、8000张，甚至1万多张图片，要动手清理起来，真是大工程。

要想给手机图片减负，得建立个删除标准。我的思路是，像给家中物品做减法一样，把图片分成有用、备用、没用3类。

有用的图片：旅行纪念照片还是要有的，每一天留1—10张就好，那么10天的旅行最多不过100张。朋友合影、情侣合影、集体大合影、工作场景照，各留1张就好。真正有用的图片，我会及时从手机里导入印象笔记，然后把它们从手机中删除。

备用的图片：有一定价值的，可以先留下，等以后处理和开展下一步行动。

没用的图片：拍照过程中各种找角度，只有一张拍得漂亮，那其他的都可以删了。为了说明问题，临时发给朋友的手机截屏；曾经觉得有价值而拍下来的内容，现在已经不需要了……这类图片，要果断删掉。

为了一步步把图片库整理好，你可以养成好习惯，每天整理5分钟，删除当天用过的临时截图，哪怕只有10张、8张图片，做到了就是胜利。把大任务分解成小任务，不给自己太大压力。图片越积越多，最后你就真的很不愿意动它们了。对于最后留下来的真正有价值的图片，你可以根据时间、项目分类备份，放入印象笔记等云空间中。

除了给图片库做减法之外，还得学会严守图片产生的源头。你可以选择关闭iCloud同步功能，让手机和电脑之间不再自动复制图片。

出去旅行，大家争先恐后地和某个大石头、大树拍到此一游的照片时，你把景色收到心里，让手机休息。

出去吃饭，大家争先恐后地拍某道菜，赶紧发朋友圈时，你知道已经在朋友圈发过类似的图片，让手机休息。

出去听课，大家争先恐后地拍老师的PPT，生怕漏掉时，你安心地做好随堂笔记，回家写文章记录心得，让手机休息。

3.视频

视频和图片的情况类似，大家做同类型处理就可以了。

4.密码管理

我在印象笔记中单独建立了一篇笔记，把所有密码的简写提示字符列个清单备份，以备不时之需。大家可以在手机的备忘录里建立一份。

5.充电线

你经常出现的场合有哪些？是单位、父母家、自己家还是车里？如果有4个场合，就准备4根一模一样的充电线，每个场合固定地方放一根。回到家，第一时间就能充电；打开车门，也能第一时间充电。你的充电线都被安排在固定的地方了，也就基本不会弄丢了。

6.移动电源

如果你在出门前已经给手机充满了电，或者可以做到随处都能充电，那么即使不带移动电源出门，也不会有什么影响。你也可以想一想，自己在清醒时的每一分、每一秒都一定要用手机吗？少用一会儿真的不可以吗？想清楚了这些问题，移动电源也许就可以从你的必备物品清单中删除了。

7.电子产品

这个时代，拥有一些电子产品简直易如反掌。我曾经同时拥有过2台笔记本电脑、1台台式机、2部手机、2台游戏机、1台导航仪、1个MP4、1台单反相机、1副蓝牙耳机、1个Kindle阅读器。可一个人就一双眼睛、一双手啊，所以前两年我果断卖出了1台笔记本电脑、一台游戏机，把一部手机、导航仪、MP4送人，留下一部手机、Kindle自用，另一台游戏机偶尔怡情。保留过多的电子产品只会增加沉没成本，它们会不断贬值，不常用还可能会坏掉，坏了得去维修、换零配件，日积月累，小事儿就变成了麻烦。电子产品拥有得少，需要花费在保养上的时间和心思就少，也就在一定程度上减少了未来可能出现的麻烦。

当你把可有可无的东西都从生活中清理出去时，你会发现，其实，你并不忙。你不是手机控，你可以反过来掌控手机！

04

打造
你的专属电子衣橱

30岁之后，我考虑到自己在年龄、风格、职业上已经有了很大变化，开始鼓起勇气整理衣橱。经过清点之后发现，我拥有的衣服大大小小加起来有300多件，加上配饰，接近400件了。这个结果让我大吃一惊。按照“二八法则”来分析，一个人如果有100件衣服，常穿的不过20%，剩下80%都是很少问津的。所以我尝试用传统方法清理淘汰了十几次，买了好几个收纳箱，琢磨服装科学收纳法，甚至添置了一个新衣柜。可是，这些方法只是让我把服饰从一个地方移动到另外一个地方而已，并没有解决根本问题。

有句话说得好，**要相信系统，不要相信感觉。**那形象工程可不可以用系统来管理呢？当然是可以的！

有了电子形象系统，你可以轻松定位自己的风格，不再乱穿衣，出门更有自信；每天轻松找到自己要穿的衣服，节省时间和精力；节省了买衣服的钱，再也不会买回家就后悔了。要想在实际生活中挥洒自如地搭配衣服，首先要充分了解自己拥有了哪些。既然用大脑记不清楚到底都有哪些服装，不如把它们电子化。人的记忆力有限，尤其是面对衣橱里成百上千件衣服的时候，可以通过这种方法全面了解自己拥有什么，避免不记得有哪件衣服，不记得放在什么地方，买了重复的款式。

我推荐大家利用云端科技，用印象笔记、为知笔记这类的工具，把实物衣橱电子化，这会给你的生活带来巨大便利。只要你尝试了，立马就能看到效果！

我是在2013年的时候，大概花了一个星期时间搭建了自己的整套服饰管理系统，终于安排好了所有的衣服，特别有成就感！我从每天穿不合适的衣服出门，到终于能够成为服装的主人，轻松掌控了每天必不可少的生活组成部分。从长远来看，量化我们身边的一切其实就是在做库存管理。精确掌握身边的物资，是为了更好地掌控生活，让自己变得内心淡定。服饰系统电子化这套方法可以说是长久有效的，它会让你感到投资在整理上的时间十分值得。

以印象笔记为例，你可以通过3个步骤完成电子衣橱的搭建：第一步，拍照；第二步，做好服饰单品分类；第三步，导入照片，形成并不断完善你的穿衣系统。下面具体来讲一下。

第一步，需要你拿起手机，为每一件衣服拍照。我们不需要拍太多细节图，只要让你能分辨出是哪一件衣服即可。把衣橱里每一件衣服都用衣架挂起来，拍一张照片。如果你想省事，可以把衣服铺在床上。但这个方法是不推荐的，因为衣服铺在床上拍，会显得皱皱巴巴的。如果你有些衣服是在网上买的，那只需要把网上的图片保存下来就行了。

● 我的服饰管理界面，建议大家也按照服装的种类来创建和命名笔记本。

第二步，在印象笔记里设置一个笔记本组，可以命名为“服饰系统”，然后按照现在有的服饰单品，新增服装单品分类。目前大部分人固定下来有20个单品分类：连衣裙、小黑裙、衬衣、打底、小西装、半裙短裤、长裤、大衣、运动服、围巾、鞋子、皮包、帽子、配饰、手套、腰带、眼镜、护肤、彩妆、药品。是的，你没看错，连护肤、彩妆、药品这些小件也都可以电子化。

● 春楠的电子衣橱。

第三步，把之前拍的所有服饰图片都一一加到分类里去，你的电子衣橱就完成了。我在整理完毕后发现我自己有4副手套，2副春秋戴，1副皮手套配大衣，1副滑雪用。这样就知道现在这4副手套已经足够用了，可以避免不必要的花费。

在整理的过程中，我发现了中学时代的校服；一些穿了一两次，感觉特别磨脚就闲置了的鞋子，既没送人也没舍得扔，一直压箱底，留了10多年；买了之后没穿过，还带着吊牌的衣服……我也发现了一些规律：我们留下了太多不好看的衣服，不舍得丢掉，而平时常穿的只占总体20%都不到；那些比较容易穿出感觉的衣服，都是价位稍高、品质好一些的。

通常我们在整理服装系统的初期，个人审美能力和品位还没有达到一定水准，还不清楚哪些衣服已经不再适合自己了，也不知道哪些衣服能够互相和谐地搭配在一起。不用担心，这些都会在不断整理的过程中得到改善。

衣橱电子化的最大好处是，在电脑、手机、平板电脑上都可以一键同步信息和图片。有了这套电子衣橱系统，以后你再出门逛街、和闺密聊天的时候，轻松地拿出手机来，就能针对衣服随时讨论了。如果你有对形象管理要求严格、时尚、喜欢打扮的朋友，或者请到了服装搭配师，记得多多向他们请教。拥有专业知识和眼光、品位在你之上的人，只需要很短的时间就能帮你把几百件服饰都筛选一遍，一眼就能看出来哪些已经过时了，哪些很难搭配，哪些颜色看起来很土，哪些完全不符合你的形象气质。如果听了建议，你也打算把它们淘汰掉，等回到家，一边比对着手机，一边比对着衣橱，就可以做实物的正式淘汰了。这种方法特别适合那些哪件都不舍得扔、一直在做减法这个环节遇到瓶颈的人。

所有你淘汰掉的服装的图片也不需要删掉，可以留下来每年做一次总结，你通常会吃惊地发现，原来被你淘汰和浪费掉的物品数量惊人。这些如果换算成金钱的话至少有几万元。你越勇敢地面对你过去的所有选择，就越能清楚地分析出，哪些是你盲目购买的，哪些是你禁不住商场打折促销的诱惑或者导购的劝说而购买的，这些记忆历历在目，你还可以在每一件衣服的简介里写上买错了的原因，这样能更深刻地认识到以后该怎么改善穿衣风格，怎么管理形象了。

从2013年到现在，我已经把310件物品标记成已经淘汰的，这些资料我打算一直保留下去，偶尔回顾的时候，也能提醒自己不能不理智地乱买东西，如果购物之前不够慎重，未来可是要花费更多时间去整理的。

如果你再勤快一点，还可以增加自己御用的“搭配指南”，把从网络、杂志上搜集到的穿衣搭配图片，放到电子衣橱里面做参考。

当然，你也可以把自己的搭配照片记录下来，通过看过去的照片，你会发现，自己是怎么一步步地升级了形象。

小小提示：电子衣橱是前期花80%精力搭建起系统，后期花20%精力定期更新的，你可以根据自己的习惯来维护它。比如你习惯每个季度淘汰旧衣服，采买新衣服，电子衣橱就可以照这个节奏来更新内容。

去整理、升级你的形象吧，你的风格你做主。

附录一

10秒叠衣法

01 短袖T恤

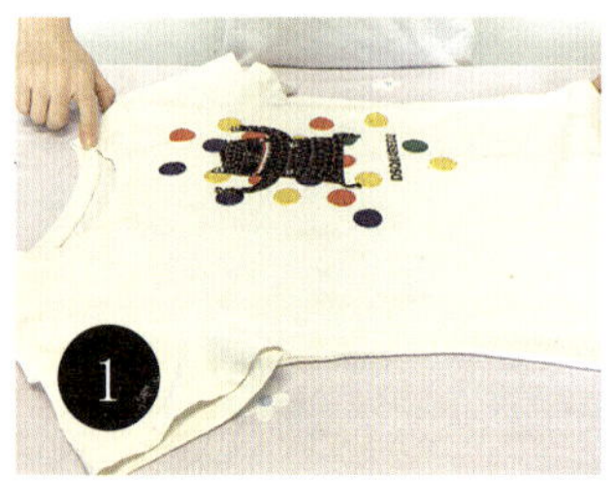

- 将T恤正面朝上平铺在桌面上，领口朝右。

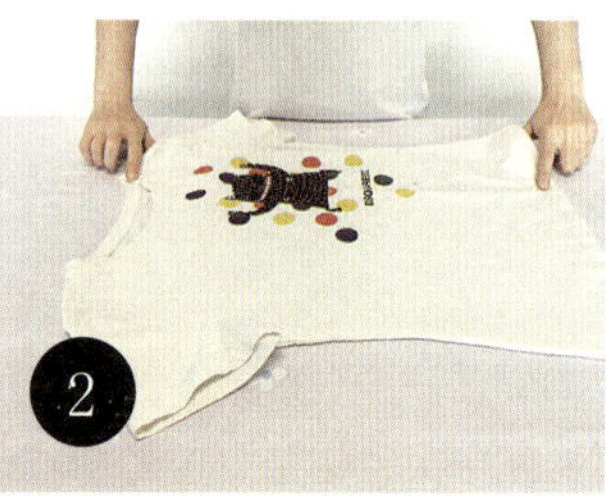

- 以T恤领口一侧为一点，平行延伸到衣服下端为另一点。

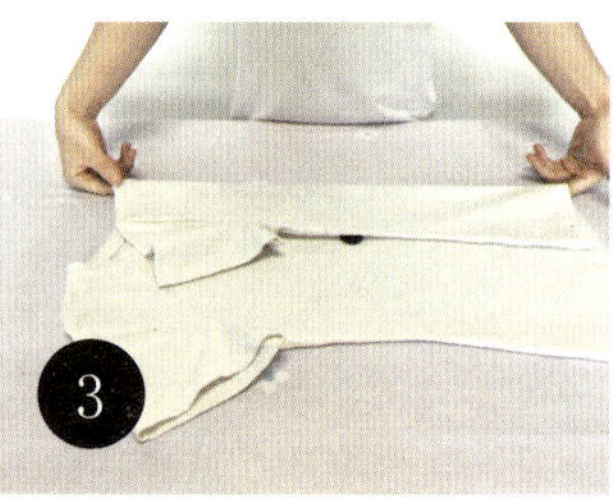

- 两点形成一线，向内折叠。

- 叠回袖子部分，与折好的一边保持平行。

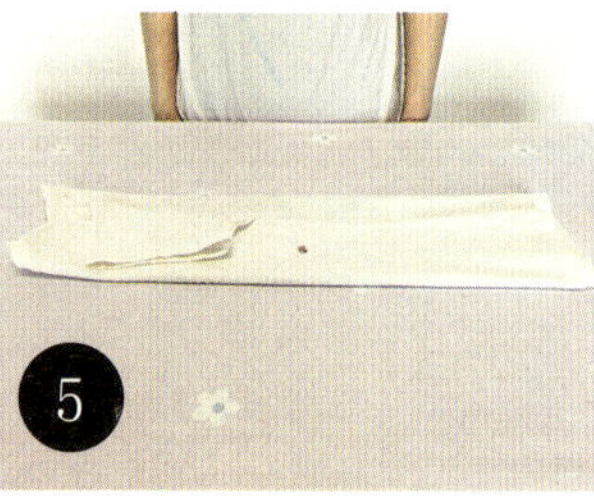

- 用同样的方式折叠另一侧，整件T恤折成长方形。

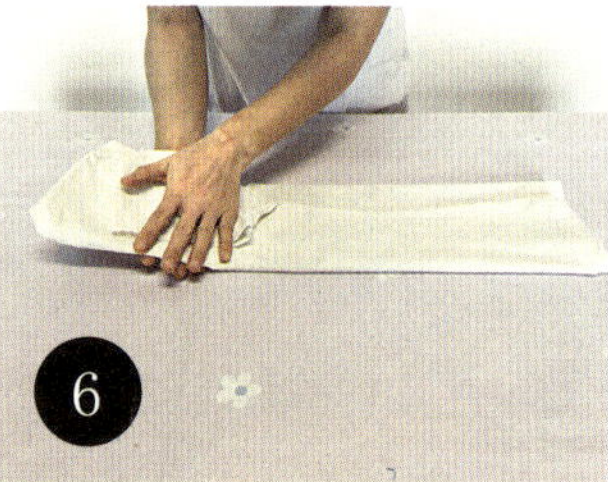

- 将T恤从头折叠到尾。

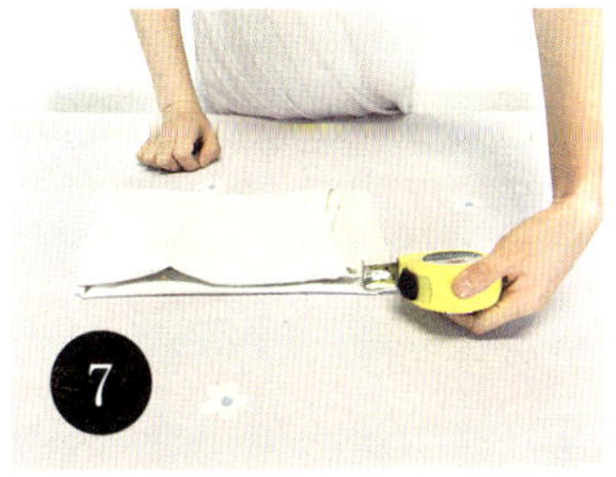

- 预留3厘米空间，避免之后折叠时部分衣服边缘跑出来影响美观。

- 三折法，从三分之一处折一次。

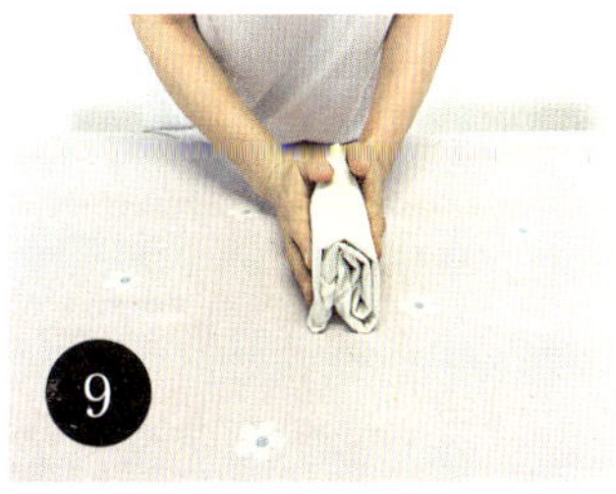

- 再折一次，T恤的折叠就完成了。

这样折叠的衣服可以竖着收纳到抽屉中，节省空间。

02 毛衣

- 将毛衣正面朝上平铺，领口朝右。

- 采用环抱式折叠法，先拉起一只袖子。

- 将袖子折叠至毛衣胸前。

- 两只袖子平行折叠，好像双手交叉抱在胸前一样。

- 采用三折法，在三分之一处折一次。

- 再折一次，将毛衣叠成长方形。

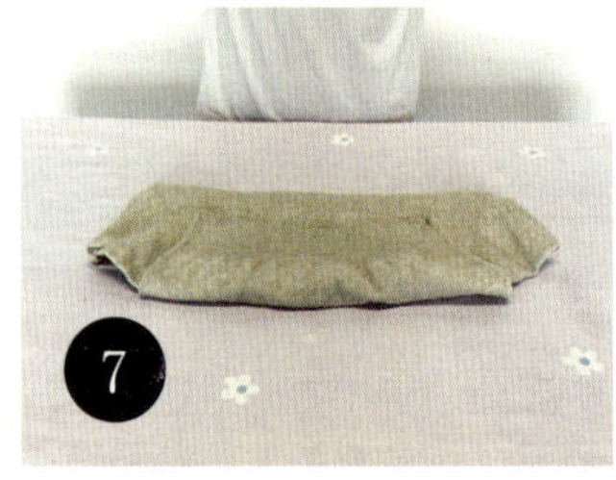

- 为了方便折叠，把已经叠成长方形的毛衣旋转一下，摆在桌面上。

- 继续采用三折法，折叠一次。

- 再折一次，把一端轻轻塞入另一端中。

- 现在整件毛衣看起来像口袋一样，这样拿取时不容易散掉。

- 将衣服竖起来，更方便收纳。

03 短裤

- 将短裤正面朝上平铺，裤腰朝右。

- 采用三折法，从侧面开始，在三分之一处折叠一次。

- 再折一次。

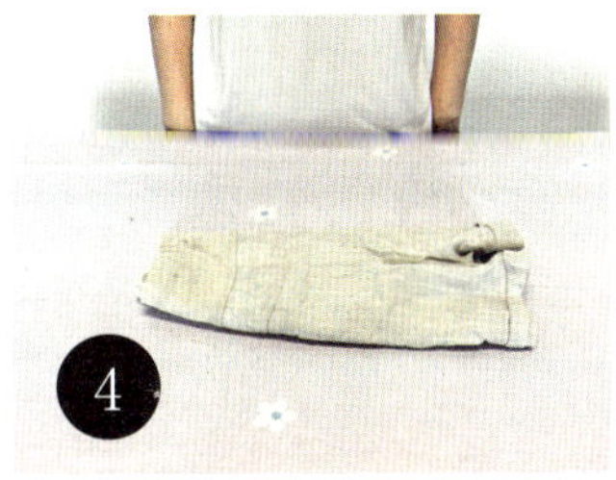

● 把短裤翻一个面。

● 整理裤裆处。

● 将短裤从头到脚卷起来。

● 为了方便收纳，可以将折叠好的短裤的光滑边缘朝上。

● 短裤的折叠就完成了。这样折叠的短裤不易松散。

04 长裤

● 将长裤正面平铺，裤腰朝右。

● 从侧面开始，对折一次。

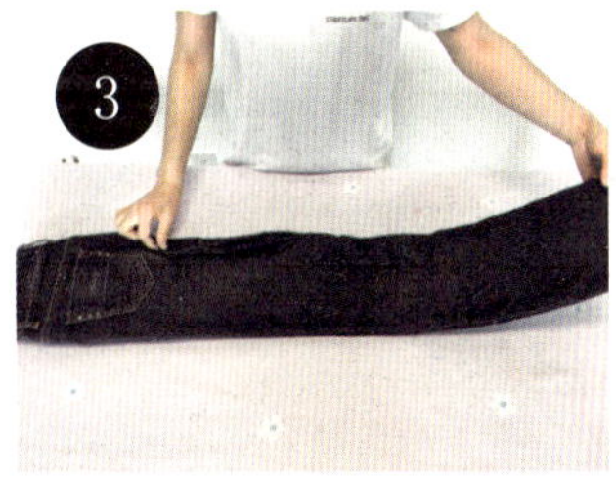

● 将裤裆折进去，并拎起裤脚。

● 从裤腿到裤腰对折，把整条长裤折成一个长方形。

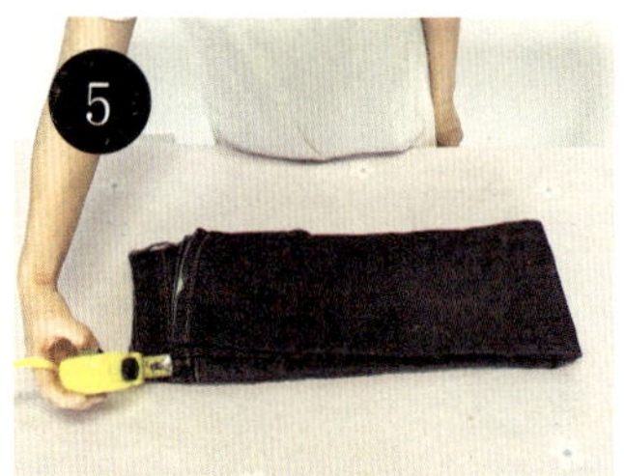

● 上方预留3厘米空间，避免之后折叠时部分裤子边缘跑出来影响美观。

● 采用三折法，从三分之一处折叠一次。

● 再折叠一次。

● 为了方便收纳，可以将长裤的光滑边缘朝上。

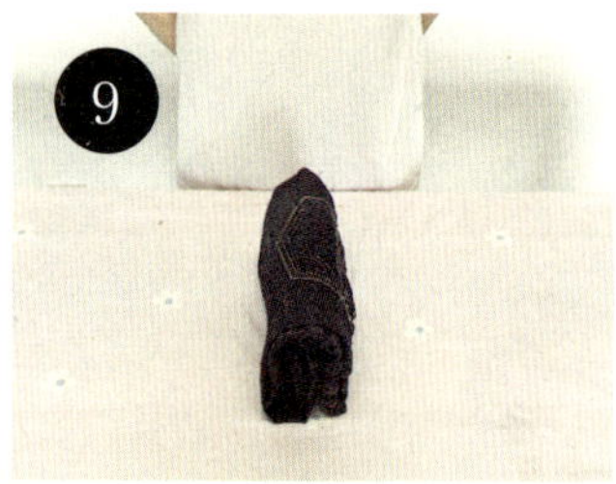

● 长裤的折叠就完成了，这样可以将长裤竖着收纳到抽屉中。

05 长袖T恤

● 将长袖T恤正面朝上平铺，领口朝右。

● 以T恤领口一侧为一点，平行延伸到衣服下端为另一点，向内折叠。

注意：有些长袖T恤领口较大，可以适当向内1cm找折叠点。

● 将袖子拎起。

按照肩线将袖子向内折叠。

用同样的方式折叠另一侧。

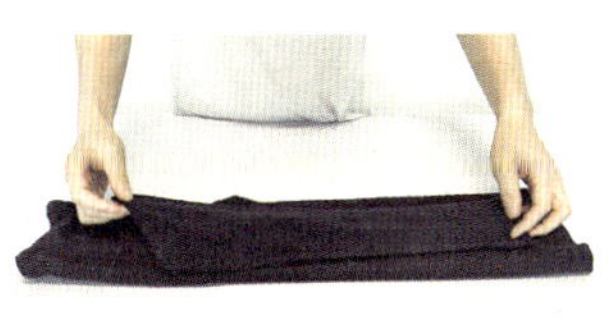

把整件衣服折成长方形。

预留3厘米左右，避免之后折叠时部分衣服边缘跑出来影响美观。

采用三折法，从三分之一处折叠。

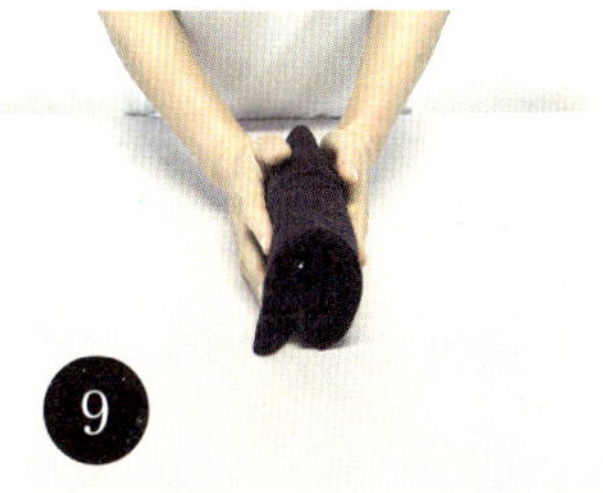

为了方便收纳，可以将长袖T恤的光滑边缘朝上。长袖T恤的折叠就完成了。

06 袜子

袜子无论长短，都先平铺。

将后脚跟突出的位置折叠起来，使整只袜子呈一条直线。

将一只袜子重叠在另一只袜子之上。

采用三折法，从三分之一处折叠。

再折一次。

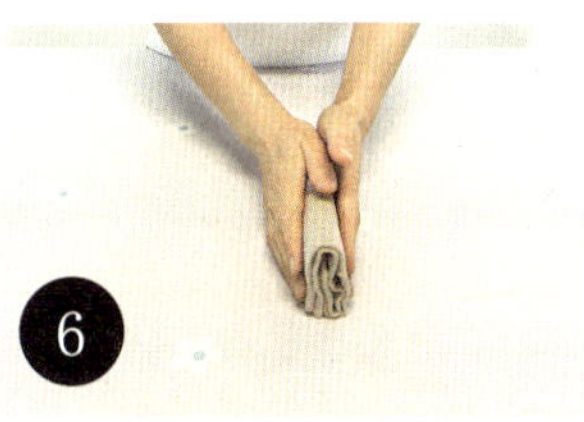

为了方便收纳，可以将袜子的光滑边缘朝上。袜子的折叠就完成了。

07 内裤

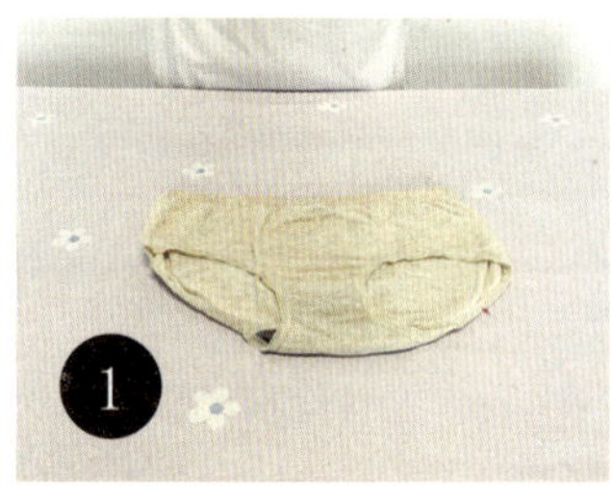

● 将内裤正面朝上平铺，腰部冲向折叠者。

● 采用三折法，从裤腰开始，在三分之一处朝下折叠一次。

● 180度翻面，朝向不变。

● 采用三折法，从侧面开始，在三分之一处折叠一次。

● 再折叠一次。

● 从内裤裆部开始，把内裤轻轻卷起来。

● 一直卷到头。

● 用拇指把裤腰的地方轻轻一翻。

● 这样可以把裤腰上的装饰或标志折到最外侧，方便寻找。内裤的折叠就完成了。

附录二

轻松提升整理技能

整理类书籍推荐

《不持有的生活》

作者：[日]金子由纪子

这是本改变我人生的好书，让我开始行动起来，好好整理物品。我第一次了解到我的钱是用自己的时间换来的，花钱的时候是在花费过去的时间，买来的物品就是过去的时间变成的。物品堆积，会让生活空间狭小，给自己造成巨大压力。如何对待、选择适合自己的物品，是一生重要的课题。

《断舍离》

作者：[日]山下英子

本书十分经典，值得反复阅读。它的理念模型严谨有深度，初读时感觉并不轻松，随着时间和生活经历的增加，读者会逐渐领悟书中的精髓。作者用几十年人生阅历浓缩出3个精简的字眼：断=断绝不需要的东西，舍=舍弃多余的废物，离=脱离对物品的执着。本书在日本、亚洲乃至世界范围都有强大影响力，帮助很多人脱了离物品带来的束缚，改变了命运。

* 书籍封面与电影海报均来自网络，如有侵权请与我们联系。

《怦然心动的人生整理魔法》

作者：[日]近藤麻理惠

读后，我断然开展了一轮大型整理，让我的人生从整理重新开始，从此只留下和新采购能让我心动的物品，就连电子资料也是学习后就删除，也下定决心把以前收集的没有什么价值的东西处理好。轻装开始人生每一天的感觉非常好。

《小家，越住越大》

作者：逯薇

本书以超赞的手绘诠释了房屋空间设计与收纳的完美结合。我读完每一章节后都有收获，也应用到日常整理师工作中。我把它推荐给了身边不少朋友，有人读了之后特别兴奋，想读完，又不舍得，一页一页慢慢翻看。

《整理的艺术》

作者：[日]小山龙介

作为工具书，它一直摆放在我书柜的重要位置。从一年前到现在我读过3次，每次都有新发现、新感悟。书中介绍的90条整理术中我试验过大概40条，其中适合我的大概25条，这已经令我效率大增。

《整理的艺术2》

作者：[日]小山龙介

这个系列的书被我划分到快速阅读的工具书一类，可以像吃自助餐一样从各类方法中选择出适合自己的。我只用了1个小时就读完了，却获得了不少启发。日文翻译过来的书籍很多时候不用去琢磨措辞，直接寻找最适合自己的，收为己用即可。

《整理的艺术3》

作者：[日]小山龙介

我在地铁上读完了这本同样是在地铁上写完的书。相比前两本给我带来的无数灵感冲击，这本似乎很温柔，也许是书中80%的点子在各类书籍中都已经看到过类似的，新鲜感没那么强烈。然而一本书只要能带来一种思维转变或对行为产生正面影响，就已经是一本优秀的书了。

《整理的艺术4》

作者：[日]小山龙介

自助餐形式的书籍总是我的最佳选择，我可以用速读法寻找最值得借鉴的新思想观念和操作方法。书中70%的内容我已经做到或在实践中，我只需要从剩下的30%中寻找可以提升的部分。我会在读书时过滤出关键词句，同时画思维导图，不亦乐乎。

《扫除力》

作者：[日]舛田光洋

清洁和整理各自发挥效力，并不分家，同时开展，效能更强。行动，是通过外在的动作解决关系、情感、收入等有难度、有痛点的问题。人在行动过程中，根据付出原理，付出得越多，运势自然越好。身体动起来，血液循环快，思路更清晰，自然会知道自己要什么。

《极简主义》

作者：[美]乔舒亚·菲尔茨·米尔本/瑞安·尼科迪默斯

极简主义是众多风格整理的其中之一，它是一种工具，帮助人们看清生活中最基本的存在，拒绝某些社会文化认为有必要的东西，最终持续追求快乐、幸福、有意义的生活。本书帮助我理清了整理的各类风格的定义，鼓励我写下了在35岁时学到的35堂人生课。

《我的家里空无一物》

作者：[日]缮莉舞

同样身为“囤积症+买买买”类型父母的孩子，我对作者的故事感同身受：遇到挫折时无法从家中得到疗愈，不愿意回家，无法让人来家中做客；从与父母同住，到脱离单身创建新生活，改变的力量从内在萌发；与身边一件件物品告别，反而身心越来越轻松；从假恋物，到真自由。

《家有两个孩子的收纳术》

作者：[日]Emi

有孩子的家庭才更考验你的“整理术”。我喜欢这种以自家为核心，诚意分享整理心得的生活专家，不刻意追求刻板、十全十美的收纳，而是以花最少时间、最少精力、最少动作营造温馨幸福家庭为出发点。越是随心，越是充满生活智慧。整本读完，我对于当妈妈更期待和有信心了。

《囤积是种病》

作者：[美]兰德·弗罗斯特/盖尔·斯泰吉蒂

如果用时间管理应对拖延症，那么整理就可以用来应对囤积症了。作者针对活在万千物品的缠绕中不能自拔者进行了心理层面的研究，在书中以案例形式展开每一位囤积受害人的故事，帮助读者审视当下自己病情的轻重以及学着理解身边那些过分依赖物品的囤积者们。十分值得一读。

整理类影视推荐

《我的家里空无一物》

全剧共6集，每集20分钟，戏剧性地一层层解开谜团——为什么女主角从曾经的囤积症重症患者，到几乎什么物品都没有，可以说是把极简做到极致。

《盗钥匙的方法》

钥匙的调换，造成两个人短暂的角色互换。失忆却不失去生活斗志和谋划，这是本剧最鼓舞人心的地方。有能力的人破产了也能快速走出一番新天地：整理房间、研读专业书籍、汇总经验，简直是日本手账界的现实版，更是《怦然心动的人生整理魔法》和《笔记本圆梦计划》大合体。

《永无止境》

我一直对这部2011年出品的电影情有独钟，一方面是看到了人的大脑、神经系统在积极高速运转的情况下会产生的各种神奇的结果，另一方面是明白了当人的境遇发生了正面积极的变化，这个人会像细胞分裂一般高速成长，意识到改变自己才是关键！

《怦然心动的人生整理魔法》

这部剧根据近藤麻理惠的同名书籍改编拍摄，建议和家人一起看，可以顺便进行家庭整理“教育”。

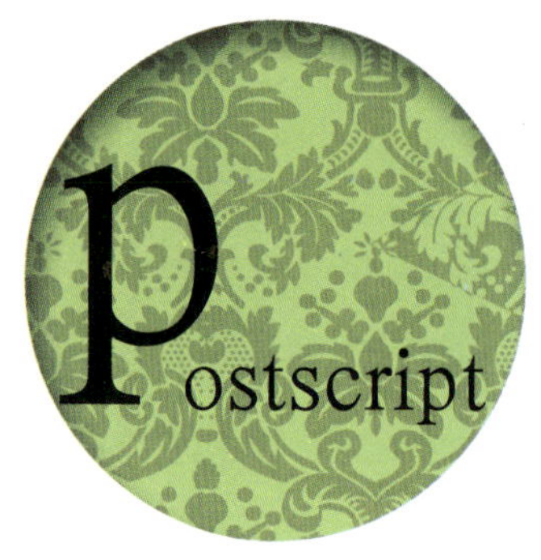

后记

轻装前行，收获从容人生

本书从5年前就开始筹备了，到今天才有机会出版，能达成所愿，要特别感谢广西科学技术出版社编辑团队和所有长期支持、热爱我的学员、粉丝们。

我的愿景是在这个物质、信息大爆炸的时代，持续普及整理概念，让更多人受益。通过这本书，我想传递给大家的不仅是一种方法，更是一种理念，让大家可以通过整理，过上轻装前行的轻生活。

轻装前行是我前几年就注册了的品牌，这个词来自于我对自己人生的期待。30岁时，我意识到了自己的人生太混沌，实在受够了，于是重新开始。这简单的4个字，包含了我成长路上的方法和方向，体现了一种人生的姿态，让我从对生活的态度，到对人生的态度，都做到了由内而外地放下。逐字解释就是：

轻=轻盈，装=整装，它们代表了我们在整理生活时要做到的几个步骤：清空、分类、简化、收纳、定位、留白。

前=前程，行=行动，它们代表了我们在整理人生时要做到的几个步骤：规划、目标、平衡、启动、复盘、升级。

这4个字加起来，就代表了通过整理，实现轻生活与从容人生。在成为职业整理师之后，我希望能把这个理念传递给更多的朋友。

请从今天开始，整理你的有形物品和无形人生，让整理贯穿你的一生。

谢谢你阅读这本书，祝福你通过整理空间、物品和内在思路，看到一个脱胎换骨的自己，拥有更精彩的人生。